AUS DEM PATHOLOGISCHEN INSTITUT ZU ST. GEORG, LEIPZIG-EUTRITZSCH
LEITER: A. REINHARDT

ÜBER
SITUS INVERSUS TOTALIS
MITTEILUNG VON DREI NEUEN FÄLLEN

INAUGURAL-DISSERTATION

ZUR

ERLANGUNG DER DOKTORWÜRDE

IN DER

MEDIZIN, CHIRURGIE UND GEBURTSHILFE

DER

HOHEN MEDIZINISCHEN FAKULTÄT

DER

UNIVERSITÄT LEIPZIG

VORGELEGT

VON

GEORG KEGEL
AUS OBERNEUKIRCH (SA.)

SPRINGER-VERLAG BERLIN HEIDELBERG GMBH 1925

ISBN 978-3-662-39138-9   ISBN 978-3-662-40121-7 (eBook)
DOI 10.1007/978-3-662-40121-7

Diese Arbeit ist erschienen in der Zeitschrift für die gesamte Anatomie
(Zeitschrift für Konstitutionslehre) Abteilung II, Band X, H. 6, 1925

MEINEN LIEBEN ELTERN
IN DANKBARKEIT
ZUGEEIGNET

Einleitung.

Unter das große Heer von regelwidrigen Aufbauformen des menschlichen Körpers, die sich in Mißbildungen, Abnormitäten und Variationen äußern, gehört auch der Situs inversus totalis. Diese Variation, denn nur eine solche stellt der Zustand dar, führt neben der Bezeichnung Sit. inv. tot. auch noch andere, weniger geläufigere Namen, wie etwa: Situs rarior, Situs inversus completus, Heterotaxia completa (totalis), Situs transversus totalis u. a.

Der Sit. inv. tot. zeigt in seinem ganzen Gefüge, also allen Organen der drei Keimblätter, das Spiegelbild des normalen Situs, d. h. des Sit. solitus (regularis) und ist, wie schon oben bemerkt, ganz im Gegensatz zum Sit. inv. part. nicht als Mißbildung oder Abnormität zu bewerten. Der Sit. inv. partialis (incompletus) wurde als reine Form in einer der beiden Körperhöhlen, also als idealer Sit. inv. abdominalis oder Sit. inv. thoracalis allein noch nicht beobachtet und dürfte es aller Voraussicht nach auch nie werden. Man findet beim Sit. inv. part. sehr oft noch andere Mißbildungen, die hauptsächlich das Herz und die Gefäße betreffen und damit, neben anderen Begleiterscheinungen noch, die Lebenskraft des Individuums einschränken oder zur Null machen. Die letzte aufgestellte Gesamtzahl von Sit. inv. part.-Fällen betrug nach *Lochte* und *Risel* 49, wovon 37% Mißbildungen darstellten. Ich konnte noch weitere 14 Fälle hinzufügen, so daß jetzt etwa 65 Fälle bekannt sein dürften, entgegen einer Fallzahl von 194 beim Sit. inv. tot. in der letzten Arbeit auf diesem Gebiet [*Sorge* (1906)], die sich durch meine 78 neuen Fälle auf 272 erhöht, so daß also durchschnittlich auf jeden vierten Fall von Sit. inv. tot. erst einer mit Sit. inv. part. kommt. Die Träger des Sit. inv. tot., die seltener, fast nicht mehr als die mit Sit. solit., Mißbildungen und meist auch leichtere Formen nur aufweisen, stehen dem gewöhnlichen Situsträger an Tüchtigkeit, Lebenskraft und Tauglichkeit nicht im geringsten nach, wenn sie sonst nur ebenso gesund sind wie jene. Wie sich der Unterschied in ihren Erscheinungsformen, Aufbau und Zahlenverhältnis manifestiert, so dürfte wohl auch die Entstehungsursache für den Sit. inv. part. und Sit. inv. tot. zeitlich und mechanisch eine differente sein. Es wäre also nicht gerechtfertigt, wie noch in neuester Zeit gefordert worden ist, daß das Auffinden der Entstehungsmomente für einen der beiden Situsarten unbedingt auch Licht und Einblick für die andere Art bedeuten müßte. Übergänge, Grenzfälle oder Kreuzungen beider Arten, die es, und das drängt sich unserer Auffassung auf, zum mindesten theoretisch, aber sicher auch praktisch gibt, scheinen einen klaren Überblick zu stören oder Grund zu falschen Schlüssen zu geben. Es wäre doch z. B. immerhin möglich, wenn nicht sogar sicher, anzunehmen, daß sich aus einem primären Sit. inv. tot. durch sekundäre Umlagerung schließlich noch ein partieller entwickeln kann, und so mag es für Entstehung des Sit. inv. part. noch viele Variationsmöglichkeiten geben, sodaß evtl. für zwei Fälle einer äußerlich gleichen Variation sehr wohl zwei Entstehungsarten gegeben sein können, und man damit eigentlich zwei verschiedene Variationen vor sich hat. Da der Sit. inv. part. nicht mein Thema darstellt, seien diese Ausführungen nur Interesse halber und zur evtl. Anregung mit angeführt. Es würde hier auch viel zu weit führen, auch nur einen groben Umriß der Verhältnisse beim Sit. inv. part. zu geben, da diese Ausführungen dennoch zu viel Platz beanspruchen würden und ein eigenes Studium der komplizierten Verhältnisse notwendig machen, zumal sich die Tatsachen zum Teil weit verwickelter darstellen als beim Sit. inv. tot.

Im folgenden sei ein kurzer geschichtlicher Überblick für den Sit. inv. tot. zusammengestellt, der als solcher auch für den Sit. inv. part. Geltung hat.

Geschichtliches.

Nach *Haller* u. a. war der erste Autor, der über Transpositionen berichtete, *Aristoteles* (de generatione animalium lib. IV. cap. IV u. a. Stellen). Die älteste Medizin wußte von einem Sit. transv. beim Menschen nichts; nur bei Tieren kannte man diese Erscheinung, und die Haruspices benutzten diesen Umstand zu ihren Zwecken, wie wir aus *Livius* und *Valerius Maximus* wissen. Partiellen Sit. inv. sahen schon die alten Auguren bei ihren Schlachttieren. In neuester Zeit zitiert *Wenzel Gruber* einen von *Goubeaux* beobachteten Fall einer totalen Perversion beim Pferde. Die Bulle des Papstes *Bonifacius VIII.* (1294—1303) und die Inquisition machten die Sektionen bis ins hohe Mittelalter unmöglich oder zu einer hohen persönlichen Gefahr, was sich natürlich auch auf das von uns zu behandelnde Gebiet auswirkte. Die alten Ägypter öffneten kaum Leichen zu wissenschaftlichen Zwecken, und die medizinischen Schulen des *Ptolemäus* (300 v. Chr.), die italienische und holländische Schule und auch die Araber kannten aus obigen Gründen keinen Sit. inv. *Marcellus Leccius* berichtet 1643 über den ersten beglaubigten Fall eines Sit. transv. tot., den er an einem Verwundeten beobachtete. Gute anatomische Kenntnisse und diagnostische Hilfsmittel zur Sicherstellung der Situsverhältnisse sind Vorbedingungen, die fundamental erst durch die *hypokratische* Perkussion von *Auenbrugger* und die von *R. T. Laennec* entdeckte Auscultation gegeben waren. Erst 1824 wies *Boulliand* in seinem Lehrbuche grundlegend auf diese wichtigen Tatsachen in bezug auf den Sit. rar. hin.

In neuerer und neuester Zeit wurde die Zahl der Untersuchungsmethoden, besonders auch zur Feststellung der Situsverhältnisse immer größer und präziser, so daß es heute absolut keine Schwierigkeiten mehr macht, sich über die Lage der Eingeweide im gröberen klar zu werden und, wenn man nur daran denkt, einen Sit. inv. mit Leichtigkeit zu identifizieren. Neben Inspektion, Palpation,

Perkussion und Auscultation benutzt man heute zur Erkennung der Bauch- und Brusttopographie das Röntgenverfahren in allen seinen fein durchdachten Varietäten, und das umgekehrte Elektrokardiogramm zeigt uns in sinnfälligster Weise den Sit. inv. tot. des Herzens an.

Entstehung des Situs inversus totalis.

In früheren Jahrdunderten hielt man diese „Mißbildung", wie ja auch so manche echte für eine Strafe Gottes oder eine Dämoneneinwirkung. *Leibnitz* betrachtet den Sit. rar. als Folge eines Mißgriffes oder Nachlässigkeit, *Stoll* stellte ihn als ein außerordentliches Naturspiel hin und *Bouillard* als eine angeborene Anomalie. Träger des Sit. inv. hielt man früher für minderwertige und moralisch-defekte Kreaturen. Diese Ansicht erklärt sich leicht daraus, daß man in früheren Jahrhunderten zumeist nur Verbrecher, Geköpfte, Bettler, Gefangene und anderes Gesindel zur Sektion bekam und deshalb nur bei diesen den konträren Zustand konstatieren konnte. Es läßt sich indessen heute ohne weiteres bei klarer Übersicht feststellen, daß alle Stände und Berufe, auch königliche nicht ausgeschlossen [die Königin-Witwe Maria von Medici, Ludwigs XIII. von Frankreich Mutter (1650)], Glieder aus ihren Reihen für den Sit. rar. stellten. Mit Recht kämpft wohl *Küchenmeister* gegen die noch z. T. bestehende Meinung an, die im Sit. inv. tot. eine Mißbildung sieht. Er nennt diesen Zustand treffender eine Bildungsvarietät und verlangt zugleich, daß in allen anatomischen Lehrbüchern auf diese ebenso Rücksicht genommen werden soll, wie auf den Sit. sol., obwohl dazu die Schar derer, um deretwillen es geschehen soll, denn doch zu klein sein dürfte, als daß man die dazu nötigen Opfer an Papier, Arbeit, Zeit und Geld verlangen könnte. Ein Mehrbefassen mit diesem Gegenstand an den einschlägigen Stellen der Lehrbücher dürfte aber ganz am Platze sein.

Das letzte Jahrhundert gab uns in den verschiedensten Autoren, die den Sit. inv. in ihren Schriften behandelten, ebenso verschiedene Gedanken über die Entstehungsursachen dieses Zustandes. In den letzten Dezennien kamen noch gute experimentelle Forschungen auf diesem Gebiet zu den bestehenden Theorien, ohne aber alles in allem recht zu befriedigen oder wirklich Greifbares aufzustellen, zumal die Forschungen größtenteils besser oder nur einzig Wert für den Sit. inv. part. haben dürften.

Entstehungstheorien.

In folgenden Zeilen seien in möglichst gedrungener Form die aufgestellten Ansichten angeführt oder angedeutet, um nicht zu umfangreich zu werden.

v. Baer und *Bischoff* sehen das Punctum mobile für die Entstehung des Sit. inv. in der Lage des Embryos zur Allantois und zum Dotterbläs'chen. Letzteres, das in allmählicher Schrumpfung begriffen, gewöhnlich der linken Seite des Embryo anliegt und die Allantois: normal zur rechten, sollen den Embryo zu einer spiraligen Drehung um die Vertikalachse veranlassen, wodurch die Lage der Eingeweide bestimmt werde. Bei Umkehrung der Verhältnisse entstehe Sit. visc. inv.

Schmauss sagt etwa dasselbe (mechanische Momente sind die Ursache, und zwar abnorme Drehung des Embryos). *v. Baer* meint, daß der Embryo am dritten

Tag diese Drehung ausführt, die im umgekehrten Sinn den Sit. inv. ergeben soll, und wies dies an Hunderten von Hühnerembryonen nach.

Remak, *Förster*, *Schulz* u. a. schließen sich dieser Theorie an, die sehr viel Einleuchtendes hat, aber kaum die erste Ursache erfassen dürfte. Zu bemerken wäre außerdem, daß das Huhn, wie ja alle Vögel ziemlich streng bilateralsymmetrisch gebaut ist und sich durch seine schwer zu deutenden Situsverhältnisse für diese Untersuchungen schlecht eignet.

Dareste's (D'Arest, Darest) Anschauung ist folgende: Einen wesentlichen Faktor bildet die Lage des Herzschlauches nach links (normal) oder rechts (abnorm) für Entstehung des Sit. inv., da dieser primär die Lage des Embryos und sekundär die Situsverhältnisse bestimme. Eine Abhängigkeit von den verschiedenen Größen der beiden ursprünglichen Herzabschnitte ist dabei sicher im Spiel. *Dareste* rief aus dieser Anschauung heraus bei Hühnerembryonen den Sit. inv. künstlich hervor, indem er den linken Embryonalteil des Eies auf 41 bis 42° und den rechten auf 12 bis 16° Temperatur hielt. Seiner Anschauung gemäß tritt im stärker erwärmten (linken) Teil des Embryos eine raschere Entwicklung und Vascularisierung der Area vasculosa ein, wodurch die schleifenähnliche Herzanlage eine Ausbuchtung nach links bildet, da dieser Teil bei der höheren Temperatur schneller wachse und somit sich nach der normal entgegengesetzten Seite dreht. Die Kreislauforgane beeinflussen auch die anderen inneren Organe zur inversen Lage.

Dareste und *v. Baer* stimmen überein in der Anschauung, daß die abnorme Drehung des Kopfteiles zum Dotter (welcher der übrige Embryonalkörper folgt) zum Sit. inv. führt. Ersterer sagt aber im Gegensatz zu v. *Baer*: ,,Die Inversion des Herzens ist das Primäre", was aber die noch anzuführenden Versuche von *Spemann* und *Pressler* wiederum verneinen. Nicht unerwähnt bleibe noch die Kritik von *Fol* und *Warinsky*, die dahin geht, daß bei *Darestes* Versuchen die Wärme die Entwicklung der linken Seite gehemmt habe (nicht also angeregt), ohne der rechten zu schaden. Im Gegensatz zu *Dareste* sind beide der Meinung: Die Inversion ist die Folge einer exzessiven Entwicklung der rechten Seite und eines Zurückbleibens der linken, was auch *Brandts* Anschauung ist.

Winslow: Transposition der Eingeweide resultiert aus der Umlagerung jedes einzelnen Organs für sich allein (obwohl alle Organe doch zusammenhängen). *Beclard* und *Merkel* schlossen sich ihm an. Diese Anschauung ist natürlich keineswegs haltbar.

Küchenmeister: Das ausschlaggebende Moment bei Entstehung der Situsverhältnisse ist die Lage des befruchteten Eikeimes zur Eioberfläche. Ein normaler Situs bildet sich, falls der Keim am oberen Eipol sich entwickelt, bildet er sich indessen von unten nach oben, also am unteren Pol, oder in seitlicher Lage, so ist damit der Anstoß zum Sit. inv. tot. gegeben. *Küchenmeister* kommt zu diesem Schluß durch seine Erfahrungen am Hühnerei und überträgt diese Anschauung auch auf die Verhältnisse bei Zwillingsbildungen, indem er S. 366 sagt: ,,Bei aus zwei Urkeimen entstandenen Zwillingen, die nicht notwendigerweise einerlei Geschlechts zu sein brauchen, wird der Sit. rar. des einen während des Uterinlebens wahrscheinlich dadurch zustande gebracht, daß die Embryonen aufeinander gleichsam reiten, und der Sit. rar. der unter dem anderen liegende ist, der sich von unten nach oben entwickelt. Bei Entstehung von Zwillingen durch Teilung aus einem Urkeim zeigt nach *Küchenmeister* stets der eine Foetus sit. solit. inv., da die sich teilenden Uranlagen der einzelnen bei dem Situs in Frage kommenden Organe einander gegenüber liegen, und es kann sich selbstverständlich nur das gleichnamige Organ bei der durch die Teilung gespaltenen Keimhälften gegenüberstehend bilden. *Lochte* sagt hierzu ganz richtig: „Ganz so einfach, wie sich *Küchenmeister* die Verhältnissse darstellt, liegen sie nicht, und sind unbedingt zurückzuweisen nach den Vorstellungen, die wir uns von Doppelmonstris gebildet haben."

Küchenmeisters Theorie ist entgegenzuführen, was aber noch nirgends geschehen ist, daß seine Anschauung dadurch unhaltbar ist, daß das Zahlenverhältnis von Placenta praevia (wo also die von *Küchenmeister* geforderten Vorbedingungen für Entstehung des Sit. inv. gegeben wären) zur normalen Placenta weit größer ist (= 1:500—600 nach *Stoeckel*), als das von Sit. inv. tot. zum Sit. solit.

Küchenmeister schreibt dem Drehungsgesetz nur sekundäre Bedeutung zu und sagt S. 30: „Das Bestimmende ist das Urkeimteilungsgesetz." Er spricht bei seinen Darlegungen sehr treffend von „Milz-" und „Leberseite", um die irreführenden Bezeichnungen „rechts" und „links" zu vermeiden. Bei *Küchenmeister* ist der Sit. inv. tot. eine Bildungsvarietät und keine Mißbildung.

Kipper sagt zu diesem Punkt: „Es ist kein großer Unterschied, ob man von Bildungsabnormität resp. Mißbildung oder Bildungsvarietät spreche, da eine Anomalie in jedem Falle vorliege." Diesem Standpunkt wird man aber nicht so ohne weiteres beipflichten können; ganz besonders dürfte der Begriff „Mißbildung" hier sicher ganz auszuschalten sein.

Nach *Lochte* ist die Angabe von *Küchenmeister* (S. 27) falsch, wonach *W. Take* als erster zeige, daß der rechts gelegene Zwilling Sit. inv. aufweise. Es verhält sich vielmehr umgekehrt: *Take* war der erste Gegner der ihm von *Küchenmeister* unterschobenen Ansicht, da in seinem Fall kein Sit. inv. vorhanden war, wie dies von *Eichwald* und *Heppner* richtig angegeben wird.

Förster stellt, hingegen der Anschauung und Feststellungen vieler Forscher, die Meinung auf, daß bei Doppelmonstris der rechte Foetus stets Sit. transv. zeigt. *Koller* ergänzt hierzu: „Falls nur eine Einzelgeburt mit Sit. transv. tot. gefunden wird, so ist ihr normaler Zwillingsbruder zugrunde gegangen." Im übrigen schließt sich *Förster* wie *Remak* u. a. der *v. Baer*schen Theorie an und bezeichnet wie *Ziegler* nach ihm den Sit. transv. als Irrungsbildung (Monstra per fabricam alienam). Die verschiedenen Fehlbildungen am Herzen und den großen Gefäßen sind nach *Ziegler* wohl besser als Hemmungsbildungen aufzufassen (wiewohl auch mancher Sit. inv. part. eine solche sein dürfte).

Wehn folgt der althergebrachten Meinung von *Förster* und nimmt sie kritiklos auf.

Schon *Serres* [später auch *B. Schulze, v. Baer, Ewald, Heppner, Scheele*, auch *Dareste* (Production des Monstruosités, Paris 1877, p. 215—335)] hatten die *Förster*sche Anschauung.

Ahlfeld (S. 26) sagt: „Da aber die Annahme, daß der Sit. transv. Folge der Rechtsdrehung auf der Keimblase sei, bisher nur Hypothese ist, so müssen wir auch die für Zwillinge gezogenen Schlüsse als solche ansehen." (Dies dürfte aber Sache der induktiven oder deduktiven Schlußfolgerung sein.)

Der bereits oben erwähnte *Serres* stellt die Leber als Organe dominateur hin, von deren Entwicklung also der Sit. inv. abhänge. Je nachdem, welcher Lappen des anfangs in der Mitte der Bauchhöhle liegenden Organs atrophiert: links: so Sit. visc. regul, rechts: Sit. inv.

Martinotti und viele mit ihm [z. B. *Perls, Brunetti, Ingrassia, Take, Dominik, Körtum, Böttcher, Haller, Sürmann* (Thorakopagus, Dissert. Kiel 1874), *Lowne, Tompson, Riaudet, Bugnion, Cruveilhier, Liberer* und *Bernhardt* und viele andere noch] bestreiten die *Förster*sche Anschauung, und zwar sicher mit Recht.

Martinotti (der sich auf umfangreiche Literatur stützt) schließt den diesbezüglichen Abschnitt mit *Perls* Worten, daß der Sit. inv. visc. kein konstantes Charaktermerkmal von Thorakopagen und Doppelmonstris sei im allgemeinen, sondern vielmehr als Effekt des wechselseitigen Druckes beider Individuen (Della pressione reciproca dei dué individui), oder als okkasionelle Anomalie, aber nicht als notwendiger Effekt der Lage, welche die Embryonen zum Nabelbläschen einnehmen, anzusehen ist.

Martinotti legt dem Verhalten der Vena omphalo mesenterica bei Entstehung des Sit. inv. Bedeutung bei (was schon *Dareste* erwähnte). *Martinotti* geht von der Beschreibung der Area vasculosa des Hühnchens aus (S. 112) und hält die Richtung, in der sich die Herzschleife anlegt, bedingt durch die ungleiche Entwicklung der beiden Hälften der Area vasculosa (schon nach direkter Beobachtung in normalen Verhältnissen). Diese Differenz betreffe besonders die großen Venenstämme, und zwar die Omphalo-Mesenterialvenen, von denen normalerweise die linke mehr ausgebildet sei, als die rechte, welch letztere allmählich schwinde.

Besonders hervorgehoben zu werden verdienen die Beobachtung von *Dareste*, daß bei Inversionen des Herzens die Vena ascendens (*Dareste*) resp. Vena vitellina post. (*Kölliker*) sich auf der rechten Seite, die Vena descendens (*Dareste*) resp. Vena vitell. ant. (*Kölliker*) sich auf der linken Seite des Embryos befinden (*Kölliker*, S. 160). Normalerweise liegt die Vena vitell. ant. rechts, die Vena vitell. post. links. Ferner bemerkt *Martinotti* (S. 115), das relativ häufige Vorkommen von Dextrokardie, auch ohne Sit. transv. der Bauchorgane, lasse annehmen, daß das Herz besonders empfindlich auf die Ursachen des Sit. transv. reagiere; und sagt weiterhin: ,,daß von der ungleichen Entwicklung der Omphalo-Mesenterialvenen die ungleiche Entwicklung der beiden Leberlappen abhängig gemacht werden könne".

Hieran würde sich also *Serres'* Theorie anschließen.

Lochte sagt: ,,Der Fortschritt in der Lehre vom Sit. transv. gründet sich zum großen Teil auf *Darestes* Untersuchungen" und sagt weiter: ,,So viel ging aus den früheren Beobachtungen hervor, daß die abnorme Drehung des Embryos nicht Ursache des Sit. transv. sein konnte.

Virchow macht auch andere Kräfte als die Rechtsdrehung der Frucht für Entstehung des Sit. inv. verantwortlich und zieht so irrigerweise die abnorme Nabelschnurdrehung zur Erklärung mit heran, obwohl zu dieser Zeit die Situsverhältnisse schon festliegen. Außerdem ist die Nabelschnur in 20% aller Fälle überhaupt nach links gewunden, obwohl dieser hohe Prozentsatz nicht einen ebenso hohen des Sit. transv. nach sich zieht. Es untersuchte z. B. *Neugebauer* 169 Nabelschnuren mit dem Resultat: 39 sind links gedreht, ohne daß ein einziger Sit. inv. dabei war. *Virchow* sagt auch, die Nabelvenenlage beeinflusse die Leberlage nicht, aber die abweichende Leberlage sei ein Kausalmoment für das Eintreten des Sit. inv.

Valsuani erklärt die seitliche Verlagerung der Eingeweide aus einer Achsendrehung des Intestinalschlauches, bevor Herz, Leber, Pankreas und Lungen sich aus demselben entwickelt haben.

Die ersten tatsächlichen Beobachtungen von Sit. trans. zeigen verkehrte Lagerung der Herzschleife, also des ersten unpaaren Organs, der im übrigen völlig symmetrischen Keimscheibe (*Kölliker*): Entwicklungsgeschichte S. 251, Beobachtungen an Kaninchen, *v. Baer* am Hühnchen, ebenso von *D'Alton*, *Remak* und *Dareste*; wie *Virchow* sucht auch *Rindfleisch* die Ursache für den Sit. inv. in abnormen Zirkulationsverhältnissen.

Rindfleisch: Die embryonale Blutsäule macht, wie jede elastische Röhre, durch den Blutdruck eine Drehung durch, die linksspiralig verläuft. Die spätere S-förmige Krümmung ist mit der Schleifenspitze so nach links gewendet und deshalb auch die Herzspitze später nach links zeigend. Davon abhängig ist die normale Lagerung sämtlicher Eingeweide. Ist die Rotation entgegengesetzt, so entsteht ein Sit. inv.

D'Alton: Kopf und Schwanz nähern sich bei der Drehung des Embryos (von links nach rechts normal). Es kommt auch eine abnorme von rechts nach links mit gleicher Annäherung der Kopfenden vor, der auch eine Drehung des Kopfes nach links und gleichzeitig des Schwanzes nach rechts, wie er selbst sagt, folgt; da bei den abnormen Drehungen auch das Herz der Richtung folgt, so könnte bei der ersten Abnormität der Embryo einen Sit. inv. tot. bei der zweiten, wo sich nur der Kopfteil abnorm dreht, eine nur partielle Verlagerung (beim Menschen eine solche der Brustorgane allein) in Erscheinung treten.

Letztere Anschauung dürfte kaum wahrscheinlich sein, da bisher noch nie ein reiner Sit. inv. thoracalis beobachtet wurde (*Risel*, *Lochte* u. a.).

Remak teilt den Entwicklungstyp der Eier in zwei Arten:

1. *Sit. solit.*: Monoplastische Eier [Vögel, Fische, beschuppte Amphibien und Plagiostomen (Bildungs- und Nahrungsdotter)].

2. *Sit. inv.*: Holoblastische Eier (Mensch, Säugetiere und nackte Amphibien) besitzen nur Bildungsdotter.

Spemann und *Preßler* bringen das Gebiet der Situsfrage in neuester Zeit in die Reihen der Entwicklungsmechanik und anscheinend mit sicheren Erfolgen. Sie unternahmen Experimente an Embryonen von Triton taeniatus sowie Rana esculenta und Bombinatur, indem sie ganz kleine Teilchen aus dem Embryo herausschnitten und unter 90—180° Drehung reimplantierten. *Spemann* erhielt so vieräugige Mißbildungen. Er excidierte in sehr frühem Embryonalstadium am mesoentodermalen Teil (als noch keine Medullarrinne vorhanden, oder wo diese noch nicht geschlossen war) ebenso ganz kleine Stückchen aus der Rückenplatte, die außer dem ektodermalen Teil auch die darunterliegende mesoentodermale Platte besaß. Er drehte dieses Stück und implantierte es in die Wunde. In all diesen Fällen erzeugte *Spemann* Situs visc. inv.

1911 unternahm *K. Preßler* unter *Spemanns* Leitung weiter diesbezügliche Experimente an Fröschen (Rana esculenta, Bombinatur igneus) und focht die Theorie von *Götte* auf Grund seiner Untersuchungen an. *Götte* sprach aus, daß die Lagerung der Bauchspeicheldrüse im Embryo die Lagerung der Baucheingeweide und des Herzens beeinflußt. *Preßler* hingegen sagt, daß das wesentlich Bestimmende in dieser Beziehung die Lage der mesoentodermalen Platte des Embryos sei, die unter der Medullarrinne liegt. *Spemanns* Ergebnisse wurden damit vollinhaltlich bestätigt. *Preßler* konstatierte nach denselben Versuchen wie *Spemann*, daß die Leberanlage gleich die linke Körperhälfte einnimmt; die Rücken- und Bauchanlage des Pankreas vereinigt und der Situs der Gedärme invers war, sodaß also ein kompletter Sit. inv. bestand. Die Dextrokardie tritt erst als Begleiterscheinung des Sit. inv. auf und ist nicht als Effekt der Operation zu betrachten, da die Herzanlage nicht im Operationsfeld liegt, also unberührt bleibt und geschont wird. Nach *Preßler* spielt für die Asymmetrie des Herzens die asymmetrische Leberlage eine besonders wichtige Rolle. Die Herzasymmetrie wird zu einer Zeit bestimmt, wo auch schon das erste leichte Ausbiegen der Leberbucht wahrgenomemn wird. Beides fällt zeitlich zusammen. Die schwächere Dottervene, die zugleich etwas verengt erscheint, bietet hierzu ein günstiges Moment. Natürlich kann die Herzanlage auch in sich eine gewisse Tendenz zur Ausbildung einer bestimmt gerichteten Herzschlinge haben, die indessen durch äußere Einflüsse, z. B. eben den Sit. inv., überwunden wird.

Spemanns und *Preßlers* Arbeiten sind zweifelsohne von größter Bedeutung, da hier zum erstenmal durch mechanische Einflüsse experimentell Sit. inv. erzeugt wird und beweisen, daß im frühesten Embryonalstadium die betreffenden Faktoren Einfluß haben.

H. Mueller (Pathol. Institut zu Rostock) sagt hierzu ganz richtig, *Spemanns* Arbeiten lassen freilich dem spontan entstandenen Sit. inv. gegenüber keine Vergleichsschlüsse zu.

Die Umdrehung des excidierten mesoentodermalen Plattenstücks bei *Spemann* geschieht bei fortgeschrittener Gastrulation, also zu einer Zeit, wo geringe Zelldifferenzierung besteht und so Sit. inv. entstehen kann. Auch das herzbildende Material, obwohl in die Operation nicht inbegriffen, differenziert sich nach dem Schema Sit. transv. (Sit. inv. cordis) und muß so als Folge der inversen Darmanlage angesehen werden.

Preßler denkt unter Anlehnung an *Born* an die Möglichkeit, daß dem Blutstrom selbst die Formung seiner Bahn zuzuschreiben sei, da der Herzschlauch jedesmal in gradliniger Fortsetzung der stärker ausgebildeten Dottervene ausbiege (vgl. hierzu die Theorie *Dareste* u. a.). Selbstverständliche Voraussetzung hierfür wäre, daß das Blut schon in diesem frühen Stadium in strömender Bewegung wäre. Demgegenüber hat *R. Meyer* nachgewiesen, daß der Blutstrom nicht für die Bildung der Herzform verantwortlich gemacht werden kann, da zu dieser Zeit, auch bei normaler Entwicklung, das Herz bereits asymmetrisch angelegt sei, und zwar trete die Asymmetrie an der mesodermalen Herzanlage zuerst auf. Herbeigeführt werde sie durch den Einfluß der im entscheidenden Stadium allein unsymmetrischen Leber auf das anliegende mittlere Keimblatt. Dieser Befund deckt sich mit den Endergebnissen *Preßlers*.

Auffallend ist, daß neben der äußeren Formbeeinflussung auch das Innere des Herzens (Lage der Septen und Ostien) völlig invers ausgebildet werde. Es ist deshalb wohl anzunehmen, wie schon oben bemerkt, daß die Herzanlage auch in sich eine gewisse Entwicklungstendenz hat, die bei der normalen Entwicklung die formalen äußeren Einflüsse unterstützt, bei der inversen von ihnen überwunden wird (*Preßler*).

Göttes Beobachtungen an der Unke (1875): die Darmasymmetrie nach seiner Ansicht veranlaßt durch die Asymmetrie der Anlage des dorsalen Pankreas; und auf diese durch das Pankreas bedingte Asymmetrie des Darmes führt *Götte* auch die der Herzschlinge zurück, da er feststellt, daß die Darmasymmetrie der des Herzens vorangeht und so ein Einfluß des früher Auftretenden auf das später sich Bildende anzunehmen ist.

Levy und *Spemann* (beide 1906) versuchen experimentell die Beziehungen zwischen Herz- und Darmsitus zu entscheiden. Sie verpflanzen noch offene Medullarplattenstücke und das darunter befindliche Dachstück des Urdarmes in umgekehrter Orientierung wieder in die Wunde (ohne dabei die Herzanlage zu berühren), und doch zeigt später auf Schnittserien auch das Herz neben dem Darm die Inversion. (Es hat also die Darmlagerung, wie schon ausgeführt, auf die Herzlage Einfluß.) Man kann dabei an die asymmetrisch gelagerte Leber denken, deren Blut in schräger Richtung in das Herz einströmt. 19 operierte Embryonen wurden zur Untersuchung verwendet (3 von Rana esculenta und 18 von Bombinatur ign.). Es wurden *Göttes* Beobachtungen bestätigt (1869 bis 1875), nur daß man einen nicht unwichtigen Punkt für die Sit.-inv.-Entstehung fand: Leberbucht bereits nach rechts sehend, ehe dorsale Pankreasanlage in Erscheinung tritt. Und diese hat, entgegen *Göttes* Anschauung, somit keinen bestimmenden Einfluß auf Entstehung des Sit. inv.

Man kann als Kritik zu den *Spemann-Preßler*schen Versuchen nur nochmals auf die Aussage von *H. Mueller* verweisen.

E. Schwalbe möchte sich zur Frage, ob das Herz bzw. die Leber oder überhaupt ein Organ primär bestimmend in seiner Lage für den Sit. transv. sei, dahin entscheiden, daß kein Organ als bestimmend anzusehen ist, weil über den Sit. transv. in der Regel schon entschieden sein wird, ehe bestimmte Organe als solche erkennbar sind. Es könne sich vielmehr nur um die Anlage der Organe handeln.

Er dürfte damit eine sehr wahrscheinliche Tatsache ins Feld führen.

Schatz führt die gegenseitige Beeinflussung von Zwillingen an und hebt den totalen oder partiellen Sit. inv., der bei Doppelbildungen beobachtet wurde, hervor.

Schwalbe kann in dieser Richtung *Schatz* nicht folgen. Totaler Sit. inv. ist bei gesonderten Zwillingen außerordentlich selten beschrieben (*Baron* bei *Küchenmeister*, vgl. Kapitel Thorakopagen und Sit. inv. 1. Fall). Den von *Schatz* beschriebenen Fall von Epignathus vermag *Schwalbe* als beweisend für diese Meinung nicht anzuerkennen.

Godlewskis Ansicht ist, daß die Periode in die dritte Woche des Embryonallebens fällt, da nach *Spemanns* Mitteilung die Embryonen dann noch keine geschlossene Medullarrinne besitzen, was beinahe mit dem Zeitpunkt von *Spe-*

manns und *Preßlers* Untersuchungsterminen harmoniert. Jedenfalls ist man nach den stattgehabten Experimenten zu der Annahme berechtigt, daß es sich um eine Umlagerung der mesoentodermalen Platte handelt, die primär eine Verlagerung der Eingeweide (Bauchhöhle) und erst sekundär die des Herzens und der Brusthöhle nach sich zieht.

Hedwig Wilhelmi (Zentralblatt 32, 272—273. 1921—1923; Arch. f. Entwicklungsmech. 48. 1921). Experimentelle Untersuchungen über den Sit. visc. inv. *Wilhelmi* erzeugte durch Durchschnürung der Eier von Triton taeniatus Zwillinge. Die Verf. erzeugte durch Herausnahme eines besonderen Stückes der linken Hälfte der Gastrula in einer ziemlich großen Anzahl der Versuche Sit. inv. Die linke Keimhälfte muß ein Etwas enthalten, das der rechten Hälfte fehlt und das einen bestimmenden Einfluß auf die Eingeweidelagerung hat. Bei dem Fehlen dieses „Etwas" fällt dieser bestimmende Einfluß fort, und es scheint dem Zufall überlassen zu bleiben, ob Sit. inv. entsteht oder nicht.

O. Mangold (Sit. inv. bei Tieren) prüft systematisch, angeregt durch die *Spemann-Falkenberg*schen Versuche, das Vorkommen von Sit. inv. bei Triton taeniatus und findet unter 57, bei Triton alpestris unter 47 Larven je einen Sit. inv., und zwar finden sich alle Übergänge vom normalen bis zum völlig invertierten Situs. Es ergab sich dabei eine gewisse Abhängigkeit der Inversion des Herzens von der des Darmtraktus, so daß die Annahme wahrscheinlich wird, daß die Ursache der Inversion nicht in einer Invertierung der Intimstruktur des Eies zu suchen ist, sondern in einem Anlagedefekt des Darmes.

F. H. Iwett (Zentralblatt 33, 192) Sit. inv. visc. in double trout (Sit. inv. bei embryonalen Doppelbildungen der Forelle). Der Verf. hat 15 derartige Doppelbildungen der Forelle auf Sit. inv. der Eingeweide untersucht. Neunmal war die Lage der Eingeweide beider Individualteile völlig regelrecht, in einem Falle zeigte der rechte, in zwei Fällen der linke Individualteil eine Inversion, und in drei weiteren Fällen war die Lage der Eingeweide beim linken Individualteil der Norm entsprechend, bei dem rechten dagegen unbestimmt. Verf. kommt zu dem Ergebnis, daß bestimmte allgemeingültige Beziehungen zwischen der Verdoppelung und einer Inversion der Eingeweide nicht bestehen und lehnt auch diesbezügliche Literaturfälle ab.

Oeri sagt zum Schluß, daß die Entstehungsursache dieser nicht sehr häufigen „Mißbildung" noch ganz unaufgeklärt ist. Es sind ca. 200 Fälle beobachtet (bis 1909). Sicher geschieht der Anstoß im frühesten Entwicklungsstadium. Das von vielen betonte Vorkommen der Inversion bei Doppelbildungen ist auf unseren (*Oeri*) Fall nicht anwendbar.

Die Erklärung dieses Seitensprungs der Natur bleibt der Zukunft vorbehalten, und falls ein so regelmäßig gebautes und lebensfähiges Geschöpf, wie unsere Patientin es war, diese Inversion zeigt, so ist dies eigentlich kaum mehr als Mißbildung zu bezeichnen.

Risel: Dreht sich die *Toldt*sche Magenschleife im entgegengesetzten Sinn, so wird dies gewöhnlich als Sit. inv. part. der Bauchorgane bezeichnet.

Risel führt die verschiedenen Formen der Verlagerung der Bauchorgane auf eine primäre, abweichende, der Anlage des Gesamtorganismus entgegengesetzte Drehung der Magen- und Nabelschleife oder beider zurück (die im

Sinne des Sit. inv. erfolgt oder seltener wieder zur scheinbaren normalen Lage einzelner Organe oder Organgruppen bei Sit. inv. der übrigen führen kann). Diese Begründung wird schon von *Geipel* u. a. vertreten (und dadurch wohl Irrtümer, ob Sit. inv. vorhanden ist oder nicht).

Hyrtl betrachtet das Vorkommen zahlreicher Nebenmilzen als eine Regel bei Heterotaxie. Bei pratiellem Sit. inv. der Bauchorgane erfährt die Milz augenscheinlich mehr Entwicklungsstörungen.

Toldt hat 13 Fälle von Agenesie der Milz gesammelt, unter denen sich aber keiner von totalem Sit. inv. befindet. — (Ebenso zeigen *Küchenmeister* u. a. in ihrem Material nichts von einem derartigen Fall.) Sehr häufig findet man bei partiellem Sit. inv. (gegenüber dem Sit. inv. tot.) der Bauchorgane Anomalien im Gebiete der unteren Hohlvene (was anscheinend sogar eine Regel darstellt).

Lochte führt die Entstehung des Sit. transv. tot. auf die Persistenz der rechtsseitigen Omphalomesenterial- und Umbilicalvenen zurück. Bezweifelt aber schon vor seiner zweiten Arbeit seine eigene Anschauung wieder, nachdem *Marchand* dies gelegentlich eines Falles von *Kipper* es noch früher tat. Auch *Geipel, Halff, Risel* und *Schelenz* sprechen der Pfortaderbildung, die zahlreiche Varianten aufweisen kann, eine maßgebende Rolle ab.

Lochte hat in seiner Anschauung anscheinend die *His*schen Untersuchungen verwendet und hypothetisch noch weiter ausgebaut. *His* selbst glaubte nur an eine entscheidende Bedeutung der Pfortaderbildung für die Magenlage und verneinte die *Kölliker*schen Untersuchungen, die einen bedeutsamen Einfluß der Umbilicalvenen auf die Abdominalorgane feststellen.

Günther: Symmetrie- und Schraubungsprinzip sind ontogenetische Bestimmungsfaktoren. Die Prävalenz der Rechtsschraubung ist auf die Konstitution des gesamten Makrokosmos zurückzuführen, auf die Rechtsschraubung unseres Planetensystems. Inversionen des prävalenten Schraubungssinnes kommen zweifellos vor. Der phänokritische Zeitpunkt (wo der Schraubungssinn bestimmt wird) kann wohl schon im Blastomerenstadium von acht Zellen liegen, wo die Raumökonomie die Quadratform durch Verschiebung der Elemente in einen Rhombus überführt, da das Prinzip der kleinsten Flächen die primäre Anordnung der Blastula auf die Dauer nicht duldet. Es kommen so normalerweise die Zellen der linken Seite vorn, die der rechten rückwärts zu liegen. Eine definitive Asymmetrie des Endproduktes braucht aber dadurch nicht bedingt zu sein (Anneliden).

Vielleicht läßt sich die Inversion schon an der Form der Chromosomen erkennen, denn wir wissen, daß die Chromosomen in gewissen Stadien deutlich Schraubung erkennen lassen. Ein weiteres aussichtsreiches Forschungsobjekt dürften die Spermatozoen sein, da die meisten von ihnen Schraubungsbildung zeigen (bei Selachiern und Vögeln zeigt der Kopf Bohrerform). *Günther* stellt die Frage zur Diskussion, ob die äußerlich erkennbare Schraubung der Spermien eine formbestimmende Bedeutung für den Keim hat und sucht die Schraubungsphänomene durch seine *Strophoblastentheorie* zu erklären. Er sieht im Strophoblast ein Medium, das der materielle Träger des Phänomens ist, eine Substanz, deren vielleicht selbst schraubenförmige Moleküle sich in Schraubenform aneinanderfügen und das formbestimmende Gerüst der Materie darstellen.

Die Verwirklichung (Aktivierung) der Schraubenformung erfolgt durch strophogene Komplemente, die auf den Strophoblasten wirken. Interessant ist hierzu zu bemerken, daß sich in der einen Descendenzreihe in *Hilgendorfs* Stammbaum die stark rechts geschraubte Planorbis trochiformis (in der anderen die durch freie Schraubenwindung ausgezeichnete Pl. tetanatus) befindet, über die folgendes geschrieben ist:

Mehrfach fanden sich in den oberen Planorbiphormisschichten (jedoch nicht kontinuierlich) Ansätze zur Erhöhung der Spiralmitte. „Ziemlich plötzlich" tritt dann die hochgewundene Trochiformis auf; später erfolgt wieder Rückschlag zur Ausgangsform. Nun ergibt die mineralogische Untersuchung der Steinheimer Schichten nach *Gottschick* zuerst eine Zunahme des Arragonit, dann eine Abnahme dieses und Auftreten von Kieselsäureabscheidungen — als Beweis, daß der tertiäre See zeitweilig Thermalquellenzufluß hatte. Es ergab sich die wichtige Feststellung, daß die stark geschraubte Pl. trochiformis in die Periode des Thermalquellenzuflusses, also der chemischen Veränderung des Milieu fällt. In ähnlicher Weise ist nach der Strophoblastentheorie auch die Inversion möglich.

Günther kommt zu dem Ergebnis, daß eine Vererbung von Inversionen nicht anzunehmen ist. Die Inversion ist ein phänotypischer, nicht an besondere Erbfaktoren gebundenes Merkmal, während die Prävalenz des Schraubungssinnes erblich ist.

Der viscerale Sit. inv. tot. ist oft mit Mißbildungen kombiniert, stellt aber selbst keine dar. Föten und Neugeborene stellen das größte Kontingent. Hierzu wäre noch zu bemerken, daß Mißbildungen beim Sit. inv. part., der ja selbst eine ist, weit häufiger vorkommen.

Diese Theorie hat sehr viel für sich und schon *Schwalbe* weist darauf hin, daß wohl sicher durch die Anordnung der allerersten Furchungskugeln der Sit. inv. tot. determiniert sein dürfte, und zwar im Zweizellenstadium, wenn man die erste Furche folgerichtig als Medianebene betrachtet. Etwas Sicheres auszusagen, hält *Schwalbe* so lange für verfrüht, als man nicht weiß, wieviel für die Anordnung der Organe die Regulation im späteren Furchungsstadium bedeutet, und zwar hat er diese Anschauung trotz der *Spemann*schen Versuche und sicher zu Recht bestehend.

Man kann wohl allgemein diesbezügliche Diskussionen ebenfalls solange für verfrüht halten, zum mindesten für etwas zu spekulativ, bis man nicht weiß, wie die Entwicklungsmechanik in ihren Uranfängen sich normal abspielt. Erst wenn wir die normale Entwicklungstendenz von Anfang an gut kennen, werden wir Genaueres auch für den Sit. inv. tot. aufstellen können. Vielleicht fällt die Lösung beider Fragen zeitlich zusammen. Schließlich ist die Frage: Warum legt sich der normale Situs mit „Leberseite rechts" und „Milzseite links" an, ebenso interessant und brennend wie: Warum tut der Sit. inv. tot. das gerade Entgegengesetzte. Man kann die erste Ursache evtl. auch im Spermatozoon finden, andererseits können sehr wohl auch chemische oder physikalische Kräfte eine Rolle spielen. Es muß ja auch nicht für alle Fälle nur ein Grund die Ursache abgeben. Der Möglichkeiten mag es viele geben, doch welche es sind, erschließt uns erst die Zukunftsforschung.

Neue, zusammengestellte Fälle von Situs inversus totalis seit der letzten Arbeit (Sorge 1906) auf diesem Gebiet.

1. Ein Fall in Bautzen, männlich, 1920. Röntgenbild vorhanden, sonst nichts Näheres zu erfahren.
2. *Aschoff* (Freiburg) nach Dr. *Günther*, Leipzig.
3. *Aschoff* (Freiburg) nach Dr. *Günther*, Leipzig.
4. *Dietrich* (Köln) nach Dr. *Günther*, Leipzig.
5. *Dietrich* (Köln) nach Dr. *Günther*, Leipzig.
6. *Gruber* (Mainz) nach Dr. *Günther*, Leipzig.
7. *Versé* (Charlottenburg) nach Dr. *Günther*, Leipzig. (2.—7. Fall sind rein private, zahlenmäßige Mitteilungen ohne nähere Angaben an Herrn Dr. *Günther*).
8. *Potamianos* (6. Fall): J. *Bankert* zitiert diesen Fall genauer als *Küchenmeister*. P. A. *Pey-Smith* und J. J. *Philipps*: Vollständige Transposition der Eingeweide bei einer alten Frau; ausdrücklich bemerkt, daß die Person nicht links gewesen ist und ferner, daß die Rückenwirbelsäule etwas nach links gebogen war.
9. *Krokiewicz* (Virchows Arch. f. pathol. Anat. u. Physiol. **211** u. **217**) (aus dem St. Lazarus-Landes-Spital in Krakau). 1912 in seiner Abteilung bei einem 25 Jahre alten Maurergehilfen eine totale inversio viscerum beobachtet, die auch röntgenoskopisch zur Diagnose kam. Der Maurergehilfe wurde wegen *hartnäckigen Hustens* und *Atemnot* am 15. X. 1912 im *Spital aufgenommen*. Außer diesen seit 1 Jahr dauernden Anfällen und einer Lungenentzündung, war der Patient stets gesund gewesen. Mutter lebt noch und ist gesund, seine Schwester starb 26 Jahre alt an Meningitis basilaris und sein Vater an einer Nierenerkrankung. Der Patient ist mäßig genährt und kräftig untersetzt gebaut; hat leicht *cyanotische Gesichtsfarbe*. Herzdämpfung verbreitert und an der Spitze deutliches systolisches und präsystolisches Geräusch. *Zweiter arterieller Ostienton akzentuiert*. Puls normal. In- und Exspirium sind verschärft und die Perkussion ergibt hellen Schall. Laryngoskopische Untersuchung zeigt, daß die Bronchien an der Bifurkationsstelle erweitert und hyperämisch sind und daß der *linksseitige Bronchus mehr vertikal verläuft*. Bauch etwas gewölbt und Eingeweide anormale Lage; Milz rechts und Leber links palpabel und zu perkutieren. Das *Röntgenbild* bestätigt und ergänzt die klinische Diagnose des Sit. inv. tot.: Flex. sigmoid. et coli-lienalis rechts gelegen. Flexura coli dextra und das höher liegende Coecum links gelegen.

Aorta und Art. pulm. invertiert. Der *rechte Hoden* steht *tiefer* als der linke. Der Kranke ist *rechtshändig* und erholt sich in einigen Tagen. Es handelt sich hier um postembryonale Klappenfehler (Insuff. valv. bicuspid. c. stenosi ost. ven. sini). Angeborene Herzfehlersymptome fehlen und so ist kein Zusammenhang mit den Situs-Verhältnissen vorhanden. Mitte Oktober 1913 kam der Patient nach Entlassung unter schweren Herzmuskelkompensationserscheinungen wieder und verschied nach 2 Wochen. Die Sektion bestätigte die früher gestellte Diagnose und die Umkehrung der Eingeweide vollkommen, außerdem fand man pathologische Veränderungen an der Valvula tricuspidalis.

Anatomische Diagnose: Endocarditis chronica mitralis et tricuspidalis. Stenosis ostii venosi sin. maj. gradus. Hypertrophia et Glatatio atrii cordis sin. et totius cordis dextri. Induratio cyanotica pulmonum, renum. Hyperämie passiva universalis. Hydrops univ. medii gradus. Sit. visc. inv. compl., im übrigen siehe Krankengeschichte. Im mittleren rechten Linsenkernteil des Gehirns befindet sich eine erbsengroße Cyste mit klarer Flüssigkeit. Capsula int. stark hyperämisch, ebenso Cerebellum, Pons und Medulla oblong. Linke Lunge hat 3, die rechte 2 Lappen. Parenchym derb, lufthaltig, auf Druck rötliche, klare Flüssigkeit überschäumend. *Linker Hauptbronchus ist der kürzere und teilt sich in 3 Äste* (rechter nur 2). Bronchialschleimhaut cyanotisch, hyperämisch und mit dickem Schleim belegt. Rachenschleimhaut cyanotisch, ebenso Larynx und Trachea. Herz spiegelbildlich invertiert. Herzspitze sieht so nach links und ebenso sind auch die Gefäße verlagert. Linker Ventrikel ist etwas, der linke Vorhof stark dilatiert. Mitralklappen verwachsen. Ostium venos. sin. stark verengt. Rechter Vorhof und Herzkammer stark erweitert; alle Herzwände stark verdickt. Anormale Kommunikationen beider Herzhälften bestehen nicht. Tricuspidalklappe etwas verdickt, verhärtet und verkürzt. Herzmuskel zeigt normale Konsistenz, ist hyperämisch. Coronararterien normal. Aorta hat invertierten Verlauf. Peritoneum normal beschaffen. Eingeweide spiegelbildlich verlagert. Coecum + Appendix vermiform. in der Fossa iliaca sin., Flexura sigmoid. und Colon desc. rechts. Pankreasschwanz liegt mehr rechts. Milz doppelt groß, dunkel-kirschrot und derb. Niere mäßig vergrößert, derb; Rindensubstanz cyanotisch-grau, Marksubstanz cyanotisch-kirschrot. Großer Leberlappen links, ziemlich groß, Gallenblase ebenfalls links. *Oesophagus mehr rechts* im hinteren Mediastinum links der Aorta desc. gelegen und überkreuzt letztere knapp vor dem rechts gelegenen Foramen oesophag. diaphragmatis. Schleimhaut von Magen und Darm ziemlich stark hyperämisch und mit Schleim reichlich bedeckt. Blut- und Lymphgefäße normal. Sexualorgane unverändert.

Krokiewicz sagt am Schluß: Der angeführte Fall stellt eine besondere „Mißbildung" dar, nämlich den Sit. visc. inv. kompl.

10. (*Virchows* Arch. f. pathol. Anat. u. Physiol. **156**; Inaug.-Diss. Basel 1899) *Arnold Koller:* 1 Fall von Sit. visc. inv. tot. 30jährige Frau. *Oesophagus mehr rechts.* Rechte Lunge hat nur 2, die linke 3 Lappen. Herz liegt mehr rechts und aus seinem rechten Ventrikel kommt die Aorta. Arcus aortae invertiert. Art. anonyma links liegend. *Duct. thorac. links von der Aorta.* Es sind alle größeren Gefäße seitlich verlagert. Diaphragma steht *links höher* als rechts. Magen, Flex. sigmoid. rechts; Leber, Duodenum, Coecum, Pankreaskopf und Vena cava inf. liegen links.

11. Dr. *P. Geipel* (1. Fall): Sit. visc. transv. tot. (schon von *Küchenmeister* 1882 Status aufgenommen). Status praesens 1897: August Haase, 48jähriger Schuhmacher, deutliches systolisches Geräusch über dem Thorax. Kleiner irregulärer Puls (88). *Rechter Hoden der tiefere. Trommelschlägelfinger. Unterschenkel und Füße beiderseits ödematös.* Sektion ergibt: Lippenschleimhaut stark cyanotisch. Mäßige linksseitige Kyphoskoliose der Brustwirbel und vom 11. ab kompensierende rechtsseitige Lordoskoliose. Herz rechts. An der Herzbasis liegt am weitesten rechts das rechte Herzohr, das mit seiner medialen Seite die Art. pulm. berührt. Am weitesten vorn kommt die Art. pulm. aus dem linken Ventrikel. Links hinter ihr die Aorta entspringend, von da läuft links der linke weite Vorhof medianwärts in das stumpfe, linke Herzohr aus. Die untere *Hohlvene* wird *durch die rechte Vena azygos* vertreten. Die Pulmonalis liegt rechts vorn und die Aorta links hinten. Invertiertes Herz. Rechte und linke Lunge haben je 2 Lappen. Bronchien sind trotzdem normal. *Oesophagus mehr rechts; Rechter Nervus vagus auf der vorderen Oesophagusfläche* (linker hinten). Aorta rechterseits der Wirbelsäule in der Brusthöhle. Leber links. *Diaphragma invertiert.* Die Vena azygos geht links von der Aorta in die Brusthöhle und so ist die *linke Vena renalis* die kürzere. *Linke Vena spermatic. int. links von der Vena cava ascend.* verlaufend und sie teilt sich in 2 Äste: einer in die linke Niere und der andere in die Vena cava. *Rechte Vena spermatica int. ist die schwächere und mündet in die rechte Vena renalis.* Gallenblase rechts (??), ebenfalls Milz. Eine *Nebenmilz* im Saccus omentalis und kleinere Milzen noch medianwärts gelegen. Magen rechts. Ebenso Bursa omentalis rechts. Duodenum zieht von rechts nach links. Colon asc. liegt links, Colon desc. und Flex. sigm. rechts, ebenso das Rectum.

(Auszug aus der Festschrift zum 50jährigen Bestehen des Friedrichstädter Krankenhauses zu Dresden.)

12. Münch. med. Wochenschr. 1893 (am 4. I. 1893 im Ärzteverein demonstriert). Aus dem pathologischen Institut der Universität Halle. Dr. *Gerdes* (Assistent): 1 Fall von Sit. visc. inv. tot.

4 Wochen altes weibliches uneheliches Kind (Leiche). Herzspitze gehört zum rechten Ventrikel, aus dem die Aorta kommt. Acus aortae nach rechts, und es liegt so nach abwärts auch die Aorta. Aortenbogen reitet auf der linken Lungenarterie und dem rechten Bronchus. Art. subclav. dext. kommt aus dem Arcus am weitesten rechts, und es schließt sich links davon der Truncus für beide Carotiden und die Art. subcl. sin. an. Vena anonyma dext. geht vor beiden vorbei, und Vena anonyma sin. kurz nach ihrem Abgang aus der Vena cava sup. in die Vena jugularis com. sin. und Vena subcl. sin. sich teilend und nimmt dabei die Vena azygos auf. Es bestehen noch andere kleine *Abweichungen* am Gefäßsystem und am *Peritoneum*. Aus dem linken schlaffen Ventrikel kommt die Art. pulm.; linker Vorhof nimmt Vena cava sup. et inf. auf, letztere links von der Aorta ascend. gelegen. *Ductus Botalli ist offen* (Lungenarterie und *Aorta somit verbunden!*). *Oesophagus rechts. Nerv. recurrens sin. geht um die Subcl. sin. und rechts um den Aortenbogen. Linker N. vagus hat kurz vor der Kardia*

eine mehr *hintere Lage* und der rechte eine mehr vordere. *Nervi phrenici* normal. Linke Lunge 3-, rechte 2lappig. Milz rechts; eine Anzahl *erbsengroßer Nebenmilzen* liegen im Lig. gastrolienalis. Magen rechts und geht nach links ins Duodenum über. Colon asc. links, Colon desc. und S. romanum rechts, ebenso Pankreasschwanz, Leber und Gallenblase links. Linke Vena renalis kreuzt sich mit der Aorta. Arteria ren. sin. läuft vor der Vena cava inf. und tritt viel tiefer als die entsprechende Vene zur linken Niere (letztere wohl selbst ebenfalls tiefer gelegen). Todesursache: *Pneumonie*.

13. Münch. med. Wochenschr. 1916, H. 4, S. 122. Dr. *Rud. Beck:* 1 Fall von Sit. visc. inv. tot. (am 15. X. 1915 in der k. k. Ärztegesellschaft zu Wien vorgestellt). 32jähriger Mann (bei militärischer Präsentierung entdeckt), von Beruf Militärkappenerzeuger, verheiratet, hat 2 gesunde Kinder. Er selbst hat als Kind Masern, mit 15 Jahren *Lungenentzündung* gehabt, sonst stets gesund. Er ist mittelgroß, ziemlich schwache Muskulatur. Herzspitzenstoß deutlich im Stehen an rechter Thoraxwand, Herz (Dämpfung) rechts, invertiert (Röntgenbild) in allen seinen Teilen. Leber links, Milz rechts, ebenfalls Magen (Barium-Wassereinnahme). *Rechter Hoden* ist der *tiefere*. Der Mann war *rechtshändig*, sonst normal und ohne Mißbildung.

14. Dtsch. militärärztl. Zeitschr. **37**, 432. 1908: 1 Fall von Sit. visc. inv. tot. von Stabsarzt Dr. *F. Becker* in Metz.

Bei diesjähriger Musterung ein 22jähriger Schlossergeselle, Rud. H., vorgeführt. Angeblich aus gesunder Familie; von 2 Schwestern ist eine im 16. Jahre an Verblutung aus der Nase gestorben; sein älterer Bruder im Herbst 1907 nach Beendigung der Dienstzeit vom Militär entlassen und ist gesund. Weitere Geschwister hat H. nicht. Bis zum 17. Jahre wußte der Untersuchte nichts von seinem Zustand, bis bei einem *Bronchialkatarrh* der behandelnde Arzt ihm sagte, daß sein Herz rechts läge. Im 10. und 12. Jahre angeblich *Luftröhrenleiden*. Ist mit 15 Jahren Schlosser geworden. Herzklopfen rechts, Herztöne rein, Puls 76, mittelkräftig, regelmäßig. Leberdämpfung links, Milzdämpfung rechts. H. ist *rechtshändig*, 173 cm groß, sonst nichts besonderes bei Untersuchung festzustellen. Der Untersuchte wurde im Krankenhaus „Bergmannsheil" (Bochum) geröntgt: Magen rechts, diensttauglich, da Sit. rar. und nicht Dextrokardie allein vorhanden war.

15/16. *Louis Löwenthal:* Fall von Sit. inv. tot. (Lancet Nr. 4459 vom 13. II. 1909, p. 461.)

Der Fall hat besonderes Interesse, da hier die Abnormität *in einer Familie bei 2 Brüdern* von 19 und 21 Jahren festgestellt wurde. Diagnose durch Röntgenbild, Perkussion und Auscultation. Heridität von seiten der Eltern nicht nachweisbar. Dies ist der einzige Fall von familiärem Auftreten des Sit. inv. (was indessen durch weitere ebensolche Fälle widerlegt wird).

17. Fortschr. a. d. Geb. d. Röntgenstr. H. 6, S. 384. 1908. Beitrag zum Sit. visc. inv. tot. von Dr. *Bommes* (innere Abt. des Marienhospitales zu Düsseldorf).

21jährige Patientin im hiesigen Spital, Xavaria P., wegen Scabies in Behandlung. Herz rechts. Spitzenstoß fühlbar im 5. I.C.R. rechts. Töne rein. Unterm Herzen Magenschall, also rechts. Unter linker Lunge liegt die Leber. Radioskopie bestätigt die Rechtslagerung des Herzens. *Diaphragma links höher.* Patientin ist *rechtshändig*. Die von *Heidemann* als gewöhnlich bezeichnete *linksseitige geringe Skoliose* war angedeutet. Eltern und 2 Geschwister leben und sind gesund. In der Ascendens keine Mißbildung bekannt. Patientin bis zur zufälligen Entdeckung bei Behandlung keine Ahnung von ihrem Zustande (noch nie beim Arzt gewesen). Röntgenbild bestätigt den Sit. inv. tot.

18. *Iwar Bromann* (Normale und abnormale Entwicklung des Menschen). Sit. inv. S. 332 und 398, Abb. 276. Eine Photographie von Prof. *C. C. Hausen* nach einem Präparat von Herrn Prof. *Fibiger*.

Eingeweide eines Kindes mit Sit. inv. tot.

19. Virchows Arch. f. pathol. Anat. u. Physiol. **98**. Zur Frage des Sit. transv. von Dr. *Wehn* (Assistent am Bürgerhospital zu Köln).

3. Patient: Heinrich Schmichler, am 16. V. 1883 an *Phthise* gestorben.

Sektion ergibt: Transpositio visc. pectoralium et abdominalium. 34 Jahre alter Klavierträger in Köln. Vater an Magenkrebs, Mutter an Lungenschwindsucht gestorben. Geschwister leben alle und sind gesund. Patient will früher nie krank gewesen sein und fühlt sich erst seit vorigem Winter krank. Hämoptöe. *Status praesens:* 170 cm groß, mager, gute Muskulatur, starker Knochenbau. *Gesichtsfarbe* leicht *cyanotisch*, ebenso *Lippen* und *Wangen* bläulich, auch *Finger* und *Zehennägel*. *Endphalangen kolbig verdickt*. *Linke obere Extremität ist die kräftigere*. *Linker Hoden der tiefere* (?). Patient will von Jugend an bestimmt *linkshändig* gewesen sein. *Rechte Schulter höher* als linke. *Wirbelsäule* im *Dorsalabschnitt* leicht mit Konvexität nach *links* gekrümmt, kompensatorisch *Lendenabschnitt nach rechts gewölbt*. Herzspitzenstoß sicht- und fühlbar im rechten 5. Intercostalraum (Mamillarlinie). Geringe *epigastrische Pulsationen*. Am rechten Sternalrand im 2., 3. und 4. Intercostalraum außerordentlich deutlich *fühlbarer, verstärkter, diastolischer Klappenschluß* (*Punct. Max. im 3. I.C.R.*). Sonst nirgends Schwirren und Pulsieren am Herzen. Ein ungewöhnlich *starker, musikalischer Ton* (klingend) ist selbst auf *5 cm Distanz mit vorausgehendem etwas kürzeren und rauhen, systolischem Geräusch zu hören*. An der Herzspitze dumpfer 1. und starker 2. Ton. Über dem Herzen überall verstärkte 2. Pulmonation. Atemgeräusch rechts überall vesiculär, im oberen Lappen, feuchte Rasselgeräusche. Links Atem geschwächt, Perkussionsschall *infraclaviculär* deutlich *gedämpft*. *Linker Oberlappen* starke *Dämpfung* und Atem abgeschwächt (großblasige Rhonchi). In innerer Spina scapular-Randhöhe eine kleine *Kaverne* deutlich zu hören. Hinten unten beiderseits rasselfreies, vesiculäres Atmen. Links am Hals *rosenkranzartige Lymphdrüsen*. *Leber* (*links*) normale Grenzen, ebenso die rechts gelagerte Milz. Flex. sigm. deutlich in der Regio iliaca-dext. fühlbar. (Gedämpfter Schall links hell, im rechten Hypochondrium deutlich das Magenplätschern.) Puls: Normale Frequenz, Spannung mittel, äqual und rhythmisch. *Radialpuls links deutlich größer als rechts*.

Diagnose: Quoad pulmones: geringe rechtsseitige, ausgedehnte linksseitige Spitzencirrhose. Chronische und interstitielle Pneumonie mit Bildung bronchiektatischer Kavernen linkerseits. Kongenitale Herzanomalie verbunden mit Dextrokardie.

Sektion: Große, sehr abgemagerte, männliche Leiche, Hautfarbe blaß, spurenweise *Ödem der Knöchelgegend*. *Zwerchfell rechts* 4. I.C.R., *links* 5. Rippe. Leber links. Incisura pro ligamento terete hepatis etwas nach links gelegen. Magen rechts, ebenso Milz; Coecum links; S. romanum rechts. Herz in größter Ausdehnung von der Lunge unbedeckt und liegt zum größten Teil vertikal gestellt median. Spitze 6 cm nach rechts (6. I.C.R.). Rechte Lunge 2-, linke 3 lappig. Ausgedehnte Verwachsungen mit Costalpleura und linksseitiger Pyopneumothorax. Am Herzen liegt der venöse Vorhof am weitesten links. Vena cava sup. und inf. ebenfalls links zum Herzen. Epikard hat Sehnenflecke. Alle Gefäße invertiert. *Rechter Bronchus* ist der *längere* und *Hauptbronchus* und *entspringt mehr rechtwinklig* von der Trachea, die intrathorakal mehr links liegt. Linker oberer Lungenlappen völlig eitrig infiltriert und mit großen *Kavernen* durchsetzt. (Linke Lunge ist 3 lappig und voluminöser als die rechte.) Zum Teil auch Mittel- und Unterlappen. Milz rechts, *keine Nebenmilz*. Pankreaskopf nach links, Duodenalkrümmung nach rechts. *Linke Niere fehlt spurlos und ebenso Ureter*. Aorta abdom. rechts von V. cava inf. Vena ren. dext. ist ein mächtiger Gefäßstamm, der über die Art. ren., aber etwas tiefer verläuft. *Rechte Niere* sonst normale Lage, hat *doppeltes Nierenbecken*, aus welchen *je ein Ureter* entspringt. Der höher oben entspringende Ureter zieht über die rechte Art. iliaca com. hinweg über das Promontorium zur Wandung des kleinen Beckens und mündet in die Blase, wie ein linker Ureter. Rechte Niere ist walzenförmig und sehr groß (500 g schwer ohne Fett), 17 1/2 cm lang und 10 cm breit (Milzgestalt) und ebenso wie bei Milz neben bikonvexer Gestalt der Hilus nicht am Rand, sondern in der Mitte der einen Fläche hervortretend. (Hier Hilus an der hinteren Fläche, dem Musc. lumb. zugekehrt.) Die Niere hat folgende Gefäßverbindung: 1. eine große Arterie ren. aus dem rechten lateralen Rand der Aorta abdom. und teilt sich in mehrere Äste für beide Nierenbecken; 2. eine große Vena ren., die von mehreren aus beiden Becken gebildet wird. Die rechte Nebenniere ist klein und eine linke nicht vorhanden, obwohl nahe liegend. Interessant war die Aortenteilung in ihre großen Äste (rechts aus der Herzbasis mit Bogen nach oben entspringt zuerst daraus die Art. subclav. dext., dann die Carotis dext., dann der dicke Truncus anonymus, welcher höchstens 2 1/2 cm lang ist und sich in die Carotis sin. und Subclav. sin. teilt.

20. Frankfurt. Zeitschr. f. Pathol. **3**. 1909. Aus dem Kantonspital Glarus (Vorsteher: Dr. *Fritzsche*). Zur Kasuistik des Sit. inv. tot.: Dr. *Rud. Oeri*.

46jährige, älter aussehende Frau wird kurz vor ihrem Ende äußerst hinfällig eingeliefert. Sie litt an starken *Herzbeschwerden*. Genauere Untersuchung war intra vitam nicht möglich, so daß die starke Verschiebung des Herzens nach rechts und die Aufhebung der linksseitigen

Herzdämpfung durch das starke Emphysem und die ausgedehnte *Pleuritis* erklärt schienen; im linken Lappen starke *Kavernen*; Tuberkel im Sputum nicht nachzuweisen. Frau soll schon seit **20** *Jahren husten*, so daß ein alter Tuberkuloseherd anzunehmen ist. Momentan standen *Cyanose* und *Dyspnöe*, also Herzinsuffizienzsymptome, im *Vordergrund*. Am 2. Tag unter zunehmender Schwäche Exitus. *Autopsie*: Vollständige Verlagerung sämtlicher Brust- und Bauchorgane. Leber und Gallenblase links, die perisplenitisch veränderte Milz rechts. Magen mit zusammengezogenem großen Netz sanduhrförmig rechts. Kolon gebläht. Colon ascend., Coecum und Proc. vermiformis links; Colon descend. rechts, Flex. sigm. ebenfalls. Lungen ausgedehnt flächenhaft adhärent. Herz invertiert, seine Vorderwand bildet fast nur der venöse Ventrikel; nach oben der Conus pulm. gerade noch angedeutet. Eigentliche atypische Mißbildungen neben dem Sit. inv. tot. nicht vorhanden. Gefäße alle invertiert (Vena azygos links, Hemi-azygos rechts). Trachea weist keine Abnormitäten auf, Glandula thyreoid. etwas strumös degeneriert. *Vagi invertiert, ebenso Nervi recurrentes. Vena cava inf.* links. Linke *Vena spermatica* mündet *in die Vena cava.*

Herzvorderfläche bildet der venöse Ventrikel, rechts außen noch ein Stück arterieller Ventrikel, entsprechend Vorhöfe. Vorn oben aus dem venösen Ventrikel die Art. pulm., sie biegt nach rechts hinten oben und teilt sich sofort: linker Ast unter den Aortenbogen zur linken Lunge. Etwas hinten und median von Art. pulm. entspringt die Aorta (aus dem arteriellen Ventrikel). Valvula tricuspidalis (geht in den venösen Ventrikel) hat 3 und die Mitralis (die den arteriellen Ventrikel abschließt) hat 2 Klappensegel. Die Vorhofsepten haben keine abnormen Öffnungen. Die einzigen Organe, an denen die *Umkehrung nicht mit Sicherheit* zu erkennen ist, sind die *Lungen*. Grund sind die starken pleuritisch-schwartigen Veränderungen der Oberfläche und die vollständig kavernöse Beschaffenheit des linken Oberlappens. Rechte Lunge besitzt sicher nur 2 Lappen (linke 3). Mittellappen sicher durch Krankheitsprozeß verschmolzen. *Oesophagusverlauf* deutlich *invertiert.* Magen rechts, zeigt exquisite Senkrechtstellung und Sanduhrform. Duodenum verlagert und zeigt eine divertikulöse Ausbuchtung in der Parsverticalis. Leber invertiert und sonst normal. Darm von gewöhnlicher Länge und Form. *Radix mesenterii von rechts oben nach links unten* (also invertiert) verlaufend. Gefäßversorgung ohne Abweichung. Genitalien o. B. Äußerlich normale Nieren ergaben *chronische Nephritis.*

21. Dr. *Michalsohn* (Assistent am Senckenbergschen pathologischen Institut der Universität Frankfurt a. M.). *Einmündung aller Lungenvenen in die persistierende Vena cava sup.* und *Corbiloculare* bei einem 21jährigen Manne (Sit. inv. tot.).

In der Frankfurt. Zeitschr. f. Pathol. ausführlicher Bericht besonders der Anomalien (Bd. **23**. 1920). Patient lag im Städt. Siechenhause zu Frankfurt a. M. wegen cerebraler Kinderlähmung und Epilepsie.

Anamnese: Bis $2^1/_2$ Jahre normale Entwicklung, dann *geschwollene Füße* und *Hände, die aber wieder weggingen. Kurze Zeit darauf Unwohlsein in der Nacht, Blauwerden im Gesicht,* und am nächsten Morgen ist die ganze rechte Seite gelähmt. Er konnte nicht mehr essen, Speisen und Speichel flossen aus dem Munde; ließ alles unter sich. Lernte mit $5^1/_2$ Jahren gehen und konnte 1 Jahr später wieder sprechen nach Rückgang auch der anderen Lähmungserscheinungen im Gesicht. Seit 3 Jahren hat er häufige Anfälle. Hat 6 mal Lungenentzündung gehabt. Mit 12 Jahren in eine Irrenanstalt wegen der Anfälle, da es in der Schule nicht mehr ging. 5 Jahre später ins Städt. Siechenhaus: *Herzbeschwerden, Herzklopfen, geschwollene Füße* will Patient *nicht gehabt haben.*

Status: Mittelgroß, hager, ausgesprochene *Gesichtscyanose, besonders der Unterlippe,* die sehr dick hervorspringt. Ebenso *Wangen* usw. von *blauer Grundfarbe.* Spitzenstoß rechts verbreitert. Sämtliche *Herztöne* haben *systolisches Geräusch.* Patient hat eine Brustwirbelsäulenlordose und *kompensatorische Lendenskoliose nach rechts.* Patient legte sich wegen Unbehagens ins Bett und entleerte wiederholt in Schüben dunkles Blut per os und hat intermittierendes Fieber. Später Schweißausbruch bei normaler Temperatur. Tags darauf klagt Patient zum erstenmal über linksseitigen Schmerz hinten neben der Wirbelsäule. Nach Punktion der dort resistenten, fluktuierenden Eitermenge (300 ccm) war Patient dauernd fieberfrei. Puls aber dauernd auf 110—124. 3 Tage später der schon seit 2—3 Tagen erwartete Exitus.

Klinische Diagnose: Sit. inv. cord. (evtl. auch visc.) cum *vitio cordis congenitalis* (Pulmonalstenose evtl. Septumdefekt). Cerebrale Kinderlähmung. Genuine Epilepsie. Paranephritischer (?) Abszeß, Stauungsorgan. Thrombose der linken unteren Extremität hoch oben.

Sektion ergibt unter anderem *Trommelschlägelfinger, ebenso Zehen.* Gallenblase links, ebenso Coecum. Hälfte des Colon transv. liegt im kleinen Becken. S. romanum und rectum rechts gelegen. *Zwerchfell* links 4., *recht soberer Rand der* 5. *Rippe*. Herz rechts. Leber links. Milz rechts (oberer Pol hat einen schwarzroten Infarkt). Hinter linker Niere retroperitonealer Abszeß. Linke Vena iliaca durch Thrombus frisch verschlossen. *Linke* und *rechte Lunge je 3 Lappen.* Es ist also vorhanden sit. inv. tot. neben den bereits eingangs zitierten Herz- und Gefäßmißbildungen. Rechtes Vorhofslumen ist das kleinere. In den linken Vorhof münden: Vena cava sup. dext. und eine Vene, die direkt aus der Leber kommt. *Einmündung von Lungenvenen ist nirgends sichtbar.* Die Venen des Herzens — eine *Vena magna cordis* fehlt — münden vereinzelt, getrennt in den oberen Vorhofsteil. Venenklappen nirgends erkennbar. Aorta entspringt aus dem rechten Ventrikelteil (vorn vor der Art. pulm.), hat deutlich 3 Semilunarklappen und läuft links von der Vena cava sup. dext. über den rechten Hauptbronchus. Art. pulm. dicht hinter und etwas links von der Aorta entspringend. *Linkes Herzohr* weitaus *das größere.* Vena cava sup. dext. (aus Vena subclav. und V. jugularis int. dext. und einem kleinen Venenast gebildet) gibt eine Anastomose zur Vena cava sup. sin. quer vor der Trachea ab; etwas tiefer mündet hinten die Vena azyg. dext. ein. In den rechten oberen Vorhofsteil tritt die Vena cava sup. dext. Die Anastomose nimmt 2 Venae jugulares anteriores auf. V. cav. inf., links neben der Aorta, nimmt die Venae spermatic. auf und die linke und 4 cm höher die rechte Vena ren. Mehrere kleine Venenäste aus dem rechten bzw. linken Leberlappen münden unterhalb der Vena cava sup. sin. in den linken oberen Vorhofsteil. Leber und Gallenblase links. Kleine *Anhangsleber* am linken Lappen *mit eigenen Gefäßen* (zur V. cav. inf.). Magen, Duodenum, Pankreas, Aorta rechts. Stauungsleber und multiple Leberzelladenome. V. c. inf. verläuft also links von der Aorta und geht in den linken Vorhof.

22. *Gingeot* (Société médicale des hôpitaux de Paris, Sitzung vom 7. VI. 1895; Zentralbl. f. allg. Pathol. u. pathol. Anat. **7**). *G.* demonstriert 1 Fall von Sit. visc. inv. tot. bei einem Patienten.

23. **Langer, Josef** (Zentralbl. f. allg. Pathol. u. pathol. Anat. **11**): *Sit. inv. tot. mit vitium cord.* bei einem 6 Monate alten Knaben (Prager med. Wochenschr. 1899, Nr. 8). Das betreffende Kind war spontan geboren. Äußerlich fiel nur starke *Rötung der Hände* und *Füße* und der sichtbaren Schleimhäute auf. Außerdem bestand Rachitis, beiderseitiger Ohrenfluß und Herzdämpfung rechts, ebenso Herzstoß gelegen. Leber und Milz von außen invertiert nachgewiesen.

Sektion (gestorben an Bronchitis): Rechte Lunge 2, linke 3 Lappen. Herz hatte nur *einen Vorhof* und an rechter Seite die beiden Auriculae, und es fand sich ein *Ventrikel* mit *vierzipfliger Klappe* gegen den Vorhof. Aorta und Art. pulm. aus dem Ventrikel. Aorta über den rechten Bronchus verlaufend; Duct. Botalli fast völlig obliteriert. Leber links, Milz und Magen rechts; Pylorus so links, Colon desc. und Flex. sigm. rechts. *Nebennieren der Form nach invertiert.*

24. *Sikora* (Zentralbl. f. allg. Pathol. u. pathol. Anat. **11**; Société médicale des hôpitaux, Sitzung vom 6. I. 1899) demonstriert die Organe eines im 27. Lebensjahre verstorbenen Mannes mit hochgradigster *Cyanose* und komplettem Sit. visc. inv. (siehe Zentralbl. 1895, S. 1019 demonstriert *Borié* einen ebensolchen Patienten [denselben?] mit *Trommelschlägelfingern.* Der Mann litt an *Atembeschwerden* und war zum Morphinisten geworden durch das therapeutische Morphium. Die Sektion ergab obigen Befund und *bedeutende Entwicklungshemmung des Mesenteriums* und der *Dünndärme.* Ferner bestand *eine Kommunikation der beiden Ventrikel.* Die Aorta entsprang aus dem rechten Ventrikel. Ferner fand sich eine *Stenose der Pulmonalis* durch Verwachsung der Klappen.)

25. **Lineback, Paul E.** (Zentralbl. f. allg. Pathol. u. pathol. Anat. **31**): An extraordinary case of situs visc. inv. tot. (Journ. of the Americ. med. assoc. **75**, 1775. 1920) bei einem 3000 g schweren Neugeborenen weiblichen Geschlechts der obige Befund mit noch einigen besonders bemerkenswerten Verhältnissen. Herz besitzt *nur einen Ventrikel* mit Andeutung von 2 abgestumpften Spitzen, *kein Septum interventriculare.* Aus dem Ventrikel gehen die Aorta und dicht dahinter die Pulmonalis ab. *Ductus Botalli* weit *offen.* Von der Aorta gehen ab:

linke Carotis com., rechte Carotis com., dann rechte Subclav. und die linke Subclav. Aorta liegt rechts. Sinus venosus und beide Cavae liegen links. *Lungenlappung fehlt*; ein *eparterieller Bronchus* findet sich *links*. Die Rippen zeigen einige Anomalien. Leber völlig normal rechts (?) gelagert. Magen rechts und Milz ebenso. Dünndarm und 1. Hälfte des Dickdarms haben gemeinsames Mesenterium. Die *linke Niere* wesentlich *kleiner* als rechte. Äußere Genitalien normal: linke Tube rudimentär, linkes Ovar fehlt.

26. Dr. *P. P. Smirnoff*, Moskau (Berl. klin. Wochenschr. 1908, S. 1248 u. 1889): Ein Fall von vollständiger Verlagerung der Eingeweide (sit. visc. inv. tot.). (Vortrag in der Gesellschaft der russ. Ärzte in Moskau am 3. XI. 1906.) Der Mann heißt Paul M., 40 Jahre alt, ist Gärtner. Er ist unverheiratet, Eltern tot, ebenso 1 Bruder und 3 Schwestern (Ursache?). Er selbst angeblich nie krank, hat der Militärpflicht genügt; ist 156 cm lang, hat normalen Knochenbau, mäßige Muskulatur. Regelmäßiger Puls (80 in der Minute) und ist *rechtshändig*. Herzdämpfung rechts. *Exspirium links schärfer* (normal rechts!). *Pectoralfremitus links stärker* (normal rechts:) und es hat so die linke Lunge wohl 3 Lappen und die rechte 2. Aortenton links, Lungenarterie rechts tönend. Leberdämpfung links; Milz rechts, ebenso Oesophagus. *Rechter Hoden der tiefere.* Herzhypertrophie (Arteriosklerose). Röntgenbild und sonstiger Befund lassen keinen Zweifel am Sit. visc. in. tot.

27. Münch. med. Wochenschr. 1906, I, S. 1091. In der Med. Gesellschaft zu Magdeburg, Sitzung vom 8. III. 1906, demonstriert der Vorsitzende, Herr *Unverricht*, einen Fall von Sit. inv. aller Organe. Leber links, Colon desc. rechts. Röntgenaufnahme beweist auch, daß das Herz, normal beschaffen, rechts liegt.

28. Münch. med. Wochenschr. 1909, I, S. 831. *Schmiedicke* stellt im ärztlichen Verein in Frankfurt a. M. einen Soldaten mit Sit. visc. inv. tot. vor, den der Oberarzt Dr. *Pust* (Offenbach a. M.) beim Oberersatzgeschäft herausgefunden hatte. Die zahlreichen Familienangehörigen haben alle normale Eingeweidelage. Durch Röntgenbild wurde festgestellt: Herzlage rechts, Leber links. Diensttauglichkeit und Erwerbsfähigkeit dadurch nicht beeinträchtigt.

29. Münch. med. Wochenschr. 1908, I, S. 364. Im Ärzteverein zu Halle demonstriert *Freund* einen Fall von einem Kind mit *doppelseitiger kongenitaler Cystenniere* und vollständigem Sit. inv. der Brust- und Baucheingeweide.

30. Münch. med. Wochenschr. 1908, I, S. 366. *Näther* (Med. Gesellschaft zu Leipzig) demonstriert einen 21½ jährigen Ulanen (18. Ul.-Reg.), der bei über einjähriger Überwachung ohne irgendwelche Störung diente und in seiner Familie oder Verwandtschaft keinen derartigen Fall aufweist. Er wiegt 70,5 kg und ist mit 64 kg ins Heer eingetreten. Der Soldat ist *linkshändig* (Erklärung durch Dextrokardie?). Neben Verlagerung von Milz und Leber zeigt der Ulan eine *ausgesprochene rechtsseitige Varicocele* mit *Tieferhängen des rechten Hodens*. (Sonst überwiegen die linksseitigen Varicocelen bei weitem, was an den Einmündungsverhältnissen der Venae spermatic. liegen soll.)

31. Münch. med. Wochenschr. 1908, I, S. 422. *Marchand* demonstriert (in der med. Gesellschaft zu Leipzig, Sitzung vom 17. XII. 1907) einen Fall von Sit. inv. tot. mit Typhlitis (1904 zur Sektion gekommen). 19 jährige Frau, 8.—9. Monat schwanger, wenige Tage vor Exitus ein lebendes Kind entbunden. Diagnose Sit. inv. schon im Leben von Dr. *Futh* (Prof. in Köln) gestellt, der diesen Fall schon kurz in der hiesigen geburtshilflichen Gesellschaft (Sitzung vom 21. XI. 1904) erwähnte. Die Sektion ergab außerdem eine ausgebreitete fibrinöseitrige *Peritonitis* mit ausgedehnten Verwachsungen (Verklebung) zwischen Leber und Zwerchfell; mäßige doppelseitige Pleuritis im Anschluß an die Peritonitis.

32. Münch. med. Wochenschr. 1911, I, S. 603. *Jaksch* (Wissensch. Gesellschaft dtsch. Ärzte in Böhmen, Sitzung vom 3. II. 1911) demonstriert einen Fall von Sit. visc. inv. tot. sowie das dazugehörige *Röntgendiagramm*. An den großen Gefäßen keine abnormen Verhältnisse zu erkennen (S. 802). Dieser Fall von Priv.-Doz. Dr. *Edm. Hoke* (Franzensbad-Prag) auf sein *Elektrodiagramm* untersucht (38 jähriger Mann, völlig herzgesund). Danach ist man imstande, mit Hilfe des Saitengalvanometers einen Sit. inv. zu erkennen, da hier *das Elektrodiagramm das Spiegelbild des normalen* darstellt. Alle 3 *Hauptzacken* sind gewissermaßen negativ und so *nach unten* gerichtet.

Der Befund bestätigt die Angaben von *Nikolai* und *Waller* und zeigt wieder, wie *N*. schon hervorhob, daß das Herz bei Sit. inv. nicht einfach umgekehrt liege, sondern auch sein Erregungsverlauf rechts und links vertauscht ist.

33. Münch. med. Wochenschr. 1911, II, S. 1974. *H. Voit* (Berl. klin. Wochenschr. 1911, Nr. 36, S. 4) zeigt, wie es mit Hilfe eines *kombinierten Röntgenverfahrens* gelingt, den umgekehrten Verlauf des gesamten Magen-Darmkanals in geeigneter Weise *beim Sit. inv. tot. in klarster Form zu veranschaulichen.* (Bisher dies nur für den Magen durch Aufblähen mit einem Gas möglich.)

34. Münch. med. Wochenschr. 1912, I, S. 387. *Mohr* (Verein der Ärzte, Halle, Sitzung vom 13. XII. 1911) bespricht einen Patienten, der seit mehreren Jahren wegen allgemeiner Beschwerden in poliklinischer Behandlung ist. Patient hat zeitweise *Herzklopfen* und ist *linkshändig. Rechter Hoden* steht *tiefer* als der linke. Intelligenz eingeschränkt. *Stenose der Aorta* (angeborene Stenose des Conus art. sin.) und vollständigen Sit. inv., der auch durch *Elektrogramm* nachgewiesen ist.

35. Münch. med. Wochenschr. 1912, I, S. 555. *B. Fischer* (Ärztl. Verein in Frankfurt a. M., Sitzung vom 15. III. 1912) demonstriert Sit. inv. tot. bei einem 21jährigen Manne mit *schweren kongenitalen Herzfehlern*: vollkommener Defekt des Vorhofseptums; Aorta und Pulmonalis entspringen aus der gemeinsamen Ventrikelhöhle. Tot an Nierenabsceß nach Angina.

36. Münch. med. Wochenschr. 1912, I, S. 1120. *Fritz Hollenbach* (Potsdam) erwähnt in der Dtsch. med. Wochenschr. einen Fall von *Appendicitis* bei Sit. inv. tot., der vor der Operation diagnostiziert wurde. Es bestand, statt der gewöhnlich rechtsseitigen, eine *linksseitige Wanderniere*. Der Fall ist außerdem noch dadurch interessant, daß die Neophropenie, später eine Fixation des Uterus, endlich eine Exstirpation des rechten Ovars gemacht worden war, ohne daß einer der 3 verschiedenen Operateure den Sit. inv. bemerkt hatte.

37. Münch. med. Wochenschr. 1913, S. 2790. *Brix* (Diakonissenanstalt zu Flensburg) berichtet über ein 26jähriges Mädchen, das wegen *Appendicitis* eingeliefert wurde. Der Sit. inv. tot. wurde vor der Operation nicht diagnostiziert, aber bei der Operation festgestellt. Appendix links. *Salpingitis* und umschriebene *Peritonitis dext.* ließen die *Fehldiagnose: Appendicitis dextra* stellen. Herz rechts, Leber links, Magen rechts. *Röntgenbild.* Das Mädchen ist *rechtshändig.* Eltern und Brüder haben normale Sit.-Verhältnisse. Ein Bruder ist Hämophiler.

38. Münch. med. Wochenschr. 1916, I, berichtet, daß *Huismans* (im Allg. Ärztl. Verein zu Köln, Sitzung vom 18. X. 1915) die Röntgenplatten von einem Fall von Sit. inv. tot. demonstriert: mit *multiplen Haudek*schen Nischen *bei Ca. ventriculi et peritonei.*

39. Münch. med. Wochenschr. 1919, I, S. 55. *Schulte-Vennbur* beschreibt in der Dtsch. med. Wochenschr. einen Fall von Sit. inv. tot. mit vollständiger Leistungsfähigkeit auch im Militärdienst.

40. Münch. med. Wochenschr. 1920, I, S. 464. *Rupprecht* stellt sich *selbst* als *Träger* eines *Sit. inv. univ.* vor. In seinem 9. Lebensjahr gelegentlich einer Krankheit sein Herz von der Mutter rechts schlagen gefühlt und so der Sit. inv. entdeckt. Damals nachträglich *Paratyphlitis* festgestellt. Spätere Operation zeigt den Proc. vermif. links.

41. Dtsch. med. Wochenschr. 1917, S. 275. Bei einem an *tuberkulöser Meningitis* gestorbenen 1jährigen Kind fand *Larkins* einen vollständigen Sit. visc. inv. (Lancet Nr. 4353).

42. Am gleichen Ort, S. 34. *M. Pokrowski*: Sit. inv. tot. (Russk. Wratsch Nr. 44).

43. (Dtsch. med. Wochenschr. 1909, S. 1335. *Kronfl*: Sit. visc. inv. tot. (demonstriert in der Gesellschaft für innere Medizin und Kinderheilkunde in Wien, Sitzung vom 28. II. 1909).

44. Dtsch. med. Wochenschr. 1910, S. 906. *Jeo A. Ahan*: Kompletter Sit. inv. (Brit. med. journ. 22. April). Mitteilung und Abbildung eines obduzierten Falles.

45. Dtsch. med. Wochenschr. 1911, S. 227. *Kiwoll* (Wenden): Sit. inv. tot. bei einer Patientin; Herzstoß rechts, Leberdämpfung links. Im Röntgenbild Magen rechts. (Petersb. med. Wochenschr. Nr. 1.)

46. Am gleichen Ort, S. 527. *Achelis* (unterelsässischer Ärzteverein, Sitzung vom 6. XII. 1910). Klinischer Befund bei einem Patienten: Im August 1910 wegen *Tuberculosis pulm.* behandelt und bei Untersuchung Sit. inv. tot. aufgedeckt. Demonstration und Röntgenplatten. *Schlüter* (ebenda) demonstriert das anatomische Präparat des Falles: Herz, Aorta rechts; rechte Lunge 2, linke Lunge 3 Lappen. Leber und Coecum links, Milz und Colon sigm. rechts. Es ist dies der 3. Fall von Sit. inv. tot. im hiesigen pathol. Institut seit 4 Jahren.

47. Der 1. Fall kam am 20. XII. 1906 zur Sektion (28jähriger Mann): Im unterelsäss. Ärzteverein von Herrn Prof. *Chiari* am 23. II. 1907 demonstriert.

48. Der 2. Fall, 16 Monate altes Mädchen, das am 24. IV. 1909 seziert wurde. In beiden Fällen das Bild des Sit. inv. klinisch nicht eduiert.

49. Am gleichen Ort, S. 1051. (Verein für wiss. Heilkunde in Königsberg i. Pr., Sitzung vom 16. I. 1911.) *G. Joachim* demonstriert daselbst einen 14jährigen Schüler mit Sit. inv. Herzdämpfung und Spitzenstoß rechts, Leberdämpfung links. Röntgenbild bestätigt den Perkussionsbefund. *Elektrokardiogramm* des Patienten: 3 Hauptzacken (Vorhofs-Initialzacke-Nachschwankung) nach unten gerichtet, wie in einem von *Nicolai* beschriebenen Fall. Patient ist *Rechtshänder*. Subjektive Beschwerden bestehen nicht.

50. Am gleichen Ort, S. 1678. (Wiss. Verein der Militärärzte der Garnison Wien, Sitzung vom 4. II. 1911.) *Weinfurter*: Sit. inv. tot. bei männlichen Patient, klinisch wie auch radiologisch einwandfrei festgestellt. Patient ist vollkommen beschwerdefrei und militärtauglich. Herz, Leber, Milz, Magen, Darm invertiert.

51. Am gleichen Ort, S. 1754. *Batuew*: Sit. inv. tot. regularis. (Russk. Wratsch Nr. 25.) Ausführliche Beschreibung eines Falles.

52/53. Dtsch. med. Wochenschr. 1913, S. 82. *Reinhardt* (Darmstadt): Sit. inv. tot. *bei Zwillingen* (Rekruten). (Dtsch. milit.-ärztl. Zeitschr. Nr. 24.) Beide Zwillinge waren *rechtshändig*. Der Verf. nimmt an, daß die Zwillinge einem Ei entstammen und zu einer durch Verwandtschaftsheirat geschädigten Familie mit vererbter Neigung zu Zwillingsgeburten gehören.

54. Dtsch. med. Wochenschr. 1916, S. 494. (Kriegsärztl. Abend des Stuttgarter Ärztl. Vereinigung, 2. XII. 1915.) *H. Wolf*: Sit. transv. kompl. bei einem 16jährigen. Herz rechts. Leber, Magen links. Von 6 normalen Geschwistern der einzige mit diesem Befund. Vater und Mutter ebenfalls normal.

55. Dtsch. med. Wochenschr. 1917, S. 286. (Greifswalder Med. Ver., 3. XI. 1916.) Herr *Th. Naegeli* stellt ein 6jähriges Mädchen mit Sit. inv. tot. und *Tbc.-Peritonitis* vor. Familienanamnese o. B. Herz und Magen rechts. Leber links (Röntgenbild). Sonstige Anomalien fehlen. (Auf Grund experimenteller Untersuchungen ist man berechtigt zu sagen: Entstehung durch frühe Mesodermalplattenumlagerung primär kommt es zur Verlagerung der Baucheingeweide und sekundär erst der der Brust.)

Zu letzterem ist zu bemerken, daß diese experimentelle Voraussetzung wohl normal nicht gegeben ist.

56. Dtsch. med. Wochenschr. 1919, S. 335. (Ver. für wiss. Heilk., Königsberg i. Pr., Sitzung vom 27. I. 1919.) *Flath* stellt einen 26jährigen Armierungssoldaten mit Sit. visc. inv. tot. vor, der wegen *eitriger Appendicitis* zur Operation kam. Diagnose ohne Schwierigkeit, da der intelligente Patient seinen Zustand kannte und selbst an eine Blinddarmentzündung dachte.

57. Am gleichen Ort, S. 1037. (Med. Verein Greifswald, 20. VI. 1919.) Herr *Peiper* demonstriert einen Fall von Sit. visc. inv. sämtlicher Eingeweide. (Röntgenbild.)

58. Wien. klin. Wochenschr. 1908, S. 208. (Gesellschaft für Inn. Med. u. Kinderheilk. in Wien.) *J. Flesch* stellt einen 20jährigen Mann mit Sit. visc. inv. vor. Herz rechts, Leber und Magen invertiert. *Rechter Hoden der tieferstehende. Rechte Gesichtshälfte schwächer* als linke entwickelt.

59. Wien. klin. Wochenschr. 1910, S. 1868. *F. Deutsch* (Gesellschaft f. Inn. Med. u. Kinderheilk. in Wien, Sitzung vom 1. XII. 1910). Mann mit Sit. inv. demonstriert. 6. und 8. Rippe haben rechts keine knorpelige Verbindung mit dem Sternum. Herz rechts, Leber links, Magen rechts. Kolon zieht von links nach rechts. *Abductor pollicis brevis beiderseits atrophisch.*

60. Zentralbl. f. Chirurg. 1916, S. 112. *Horn*: Sit. visc. inv. with gale-stones. (Ann. of surg. 1915, Nr. 4, Okt.) 51jährige Frau, seit 10 Jahren *Gallenbeschwerden*. Röntgenbild ergibt: Sit. inv. tot. Laparotomieschnitt bestätigt auch die Gallensteindiagnose.

61/62. Med. Klinik 1916, S. 525. *Meyer-Hürlimann* (Zürich, Winter-Sitzung vom 12. II. 1916): Sit. inv. tot. Umstellung von Herz, Magen, Leber und Colon desc. durch Röntgenbild illustriert. Aortenbogen rechts. 66jähriger Mann (Schlosser), völlig gesund. *Ein im Alter von $1^{1}/_{2}$ Jahren verstorbener Knabe des Mannes zeigte dieselbe Anomalie.*

63/64. Berl. klin. Wochenschr. 1905, S. 159. (Berl. Med. Gesellschaft, 25. I. 1915.) *C. Benda* zeigt das Präparat einer 45jährigen Frau mit kompl. Sit. visc. inv., die im „Krankenhaus am Urban" an *Eiterung des retroperitonealen Zellgewebes* lag und an *Nephritis* mit *Amyloid* zugrunde ging. Linke Lunge hat 3 Lappen, rechte nur 2. Leber links, ebenso Proc. vermif. Magen rechts, Herz rechts. Aorta aus dem rechten Ventrikel und Pulm. aus dem linken. Mitralklappe rechts, Tricuspidalis links. Arcus aortae geht nach links und aus ihm entspringt eine Art. anonym. nach links und nach rechts eine Carotis und Art. subcl. Es ist dies der 2. Fall in der 10jährigen Tätigkeit im „Krankenhaus am Urban" bei mir (Benda), den ich unter 10 000 Fällen von Sektionen sah (0,2 proz. Häufigkeit).

65. Berl. klin. Wochenschr. 1911, S. 2275. (Ärztl. Ver. zu Essen-Ruhr, Sitzung vom 2. XI. 1911.) Metten demonstriert einen Fall von Sit. visc. tot. 19jähriges Mädchen; im Krankenhaus wegen Magen- und Darmkatarrh. Herz und Leber transponiert (Perkussion und Auscultation). Die Röntgendurchleuchtung bestätigt dies und zeigt die komplette Umlagerung.

66. Berl. klin. Wochenschr. 1914, S. 92. (Wiss. Ver. d. Ärzte zu Stettin, Sitzung vom 5. V. 1914.) Behrend: Kind mit Sit. visc. inv. tot. demonstriert, ohne weitere kongenitale Mißbildungen. Beschwerdefrei. Wegen Augenleiden erfolgt die Aufnahme.

67. Berl. klin. Wochenschr. 1916. Deac (Gesellschaft der Ärzte zu Wien, Sitzung vom 31. III. 1916) demonstriert einen 33jährigen Mann, der an *Atemnot* litt, leichter Erregbarkeit und schneller Ermüdung bei der Arbeit. Herz und Milz rechts, Leber links. Aorta rechts der Wirbelsäule.

68. Berl. klin. Wochenschr. 1919, S. 1198. *Schiller* (im klin. Abend d. Med. Sektion der Schles. Gesellschaft f. vaterl. Kultur zu Breslau, Sitzung vom 10. X. 1919) (als 3.): Ein Fall von Sit. visc. inv. tot.

69. Jahresbericht der ges. Medizin 1913, II, S. 658. *Tennant* und *Stover*: 24jährige Frau mit kompl. Sit. inv., die an *chronischer Obstipation* und *Schmerzattacken* über dem *rechten Darmbein (Mac Burnscher Punkt)* litt. Es wurde *chronische Appendicitis angenommen.* Untersuchung vor Operation ergab: Sit. inv. tot; die *Kollargol-Röntgenaufnahme* der Nieren ließ eine *rechtsseitige Hydronephrose* als *Ursache der Beschwerden* erkennen.

70. Zentralbl. f. d. ges. Gynäkol. u. Geburtsh. 1913, S. 441. *S. Horwitt*: Report of a case of complete transposition of the viscera. (Med. record **83**, Nr. 26, S. 1170. 1913.) Fall von *linksseitiger Pneumonie* bei gut entwickeltem 28jährigen Farbigen, wo schon intra vitam Sit. visc. inv. diagnostiziert wurde. Bei Sektion Diagnose bestätigt (kompl. Sit. inv.).

71. Am gleichen Ort, S. 629. *Zenoni, Constanza*: Sit. visc. inv. tot. (Osp. magg., Milano **1**, Nr. 3/4, S. 236—238. 1913.) 28jährige Frau, an Wochenbettfieber gestorben. Autopsie ergab obigen Befund: Milz, Magen rechts; Leber, Blinddarm links. Duodenum und Cap. pancreatis ebenso links. Flex. sigm. rechts. Vena cava links, paravertebral. Herz und Arc. aortae, ebenso aorta desc. rechts. Linke Lunge 3, rechte 2 Lappen.

72. Am gleichen Ort, S. 159. *Paul Podevin* et *Henry Dufour*: Appendicite chronique à gauche, Inversion totale des organes: coeur á droite, foie à gauche, estomae à droite, coecum et appendice à gauche. (Bull. et mém de la soc. méd des hop. de Paris **35**, 215—217. 1913.)

73/74 *Günther* (Die biologische Bedeutung der Inversionen) 2 weibliche Geschwister, eine davon 19 Jahre; beide totale Inversion. *Hanna S.* leidet öfters an *Bronchialkatarrhen*. *Katharina S.*: war wegen *Bronchiektasen im linken Unterlappen* in klinischer Behandlung (März 1920). Hat als Kind Masern, Scharlach, Diphtherie und Mumps gehabt. 1919 und 1920 *Pneumonie* und *Pleuritis links*, 1921 *Appendicitis* und *Peritonitis*. Es besteht Amenorrhöe und seit der Kindheit Neigung zu *Luftröhrenkatarrhen*. Röntgenplatte bestätigt Sit. inv. *Linkssehen, Linkserstellung beim Händefalten*, aber Nähen und Messerführung rechts. Gibt sich selbst als Rechtser aus.

75. *Günther* (dieselbe Quelle wie Fall 73/74). *Minna Z.*, 28 Jahre, Dienstmädchen. Keratitis und Perikarditis mehrmals gehabt. *Polyarthritis rheumatica. Mitralinsuffizienz* Sit. inv. tot. röntgenologisch gesichert. *Linkshändig.* Strabismus convergens. Kind leidet an Enuresis. Mutter starb mit 39 Jahren in der Klinik an Hirntumor der rechten Hemisphäre (Glioma permagnum cysticum).

Die 3 „Situs-inversus-totalis"-Fälle des Patholog. Institutes zu St. Georg (Leipzig-Eutritzsch).

76. I. (Auszug der Krankengeschichte der Inneren Abteilung.) Stat.-Arzt Dr. *Richter*: Baumann, Lina, wird wegen schwerer ulceröser, chronischer *Tuberkulose* mit großen Kavernen in beiden Oberlappen eingeliefert.

Anamnese: Onkel und Tante an Lungenödem gestorben; Bruder an Blutsturz Exitus. Patientin ist nicht verheiratet. Mit 6 Jahren Lungenentzündung gehabt, sonst im wesentlichen gesund gewesen. Seit vergangenem Weihnachten Appetitlosigkeit, Mattigkeit, wenig *Husten* und geringen *Auswurf*. Keine Schmerzen. Im Februar treten heftige Schmerzen in beiden Beinen hinzu. Seit einigen Tagen Schmerzen in der Brustflanke.

Befund: Mittlerer Ernährungszustand, Muskeln schlaff, Thorax normal, spitzer epigastrischer Winkel; Herz zeigt keine sichtbare Pulsation, Spitzenstoß im 4. I.C.R. rechts nur angedeutet, etwa 10 cm von der Medianen entfernt zu fühlen. Perkussion: Relative Herzdämpfung nach linkem Sternalrand. Rechts unterer Rand des Cost. III. Bogenförmig aufwärts bis 10 cm von Sternalmedianen I.C. IV. Absolute Dämpfung beginnt parasternal (3 cm vom Sternalmedianen) und ist $4^1/_2$ cm breit. Aorta nicht verbreitert. Auscultation: An der Spitze rein, 2. Ton unbedeutender Vorschlag, Lungengrenze wenig verschieblich, Dämpfung in der Supr.-clavicul.-Grube, Herabreichen bis zum oberen Rand der 2. Rippe, sonst sonorer Lungenschall. Abgeschwächtes vesiculäres Atmen in Supraclavicul.-Grube. Scharfes broncho-vesicul. Atmen, besonders im I.C.R.; in den unteren Partien wieder vesicul. Atmen. Über gesamten Oberlappen reichlich trockene Geräusche; teils giemend, teils musikalisch, teils klingend. Feuchtes Rasseln in Supraclavicul.-Grube und anschließenden Partien. Linke Lunge zeigt Schallabschwächung bis zur Spina scapulae. Vesiculäres Atmen. Trockne Geräusche über der ganzen linken Seite, über Oberlappen feucht; mittelblasiges Rasseln. Über rechter Lunge überall sonorer Schall. Trockene Geräusche über der ganzen rechten Seite (fortgeleitet?); rechts hinten im Hilusbereich scharfes Vesiculäratmen. Abdomen: Leber links; Grenze Rippenbogen. Rechter Oberschenkel besonders atrophisch. P.S.R. und A.S.R. nicht auslösbar. Am 5. I. 1915 Exitus latalis. Herztöne waren leise, ohne Geräusche, unregelmäßig. Puls kaum fühlbar, weich, inäqual, leicht irregulär. Röntgenbild zeigt den Sit. inv. visc.

Klinische Diagnose: Tbc. pulm. et intestin. Sit. inv.

Sektionsprotokoll: Nr. 3/1915, 6. I. 1915. (Pathol. Inst. St. Georg, Leipzig-Eu., Dr. *Reinhardt*.) 1,55 cm lange, $41^1/_2$ kg schwere, weibliche Leiche. Multiple kleine und große *Kavernen* und fibröse Indurationen im ganzen *linken Oberlappen*. Zahlreiche kleine Höhlen und käsige Herde und kleine käsig-pneumonische Bezirke im übrigen Teil der linken Lunge. Linker Oberlappen ist sehr stark schwielig verwachsen. In der rechten Lunge mäßig zahlreiche, kleine, feste, zum Teil fibröse und erbsen- bis kirschkerngroße käsig-pneumonische Herde. Bronchialdrüsen anthrakotisch, teilweise verkalkt; Kehlkopf, Halsorgane: frei von Tuberkeln. Herz: rechter Ventrikel etwas weit und hypertrophisch. Leber: fetthaltig. Im untersten Dünndarm, im Coecum, Colon asc. und transv. zahlreiche, zirkuläre, tuberkulöse Geschwüre. Beide Nieren: 10 cm lang mit zahlreichen, eingezogenen, pyelonephritischen Narben. Harnblase, Genitalien frei von Tuberkulose. *Milz*: 12 cm lang; ist infolge starker Ausbildung des Hilus *in 2 fast vollkommen getrennte Teile der Länge nach getrennt*. Die Organe der Brust und Bauchhöhle zeigen eine vollkommene Verlagerung. Dieselbe ist vollständig am Herzen, Herzbeutel, an den großen Gefäßen, der Aorta, den Lungen, Leber, Milz, Pankreas, Magen, Dünn- und Dickdarm und Mesenterium. Die *Vena cav. inf.* zeigt eine *Anomalie*, insofern, als der *unterhalb der Leber links gelegene Abschnitt sehr eng ist*. Der Ductus ven. Arantii: für eine dicke Sonde durchgängig. Die *Vena attic.* ist fast *für einen Zeigefinger durchgängig*, in dieselbe münden beide Venae iliacae ein. Die Ven. c. sup. liegt links und hat normale Verzweigung. Vom Aortenbogen gehen rechts eine Art. subcl. und carot., links eine anon. ab.

Anat. Diagnose: Schwere, *chronische, tuberkulöse, ulceröse* und *käsig-pneumonische Lungenphthise*; Verwachsung der Lungen. Verkalkung bronchialer Lymphdrüsen. Geschwürige Darmtuberkulose. Pyelonephritische Narben der Nieren. *Abnorme Teilung der Milz*. Situs inversus totalis.

77. II. (Auszug aus Krankengeschichte der Inneren Abteilung.) Stat.-Arzt Dr. *Römer* (Oberarzt): Wehner, Emma, hatte vor 18 Wochen psychische Erregung und seitdem Abnahme der Kräfte. *Atemnotanfälle, viel Bronchialkatarrh* gehabt. Liegt seit 8 Wochen fest, wegen *Schwellung der Beine* und *des Leibes*. Der Arzt stellte *Herzschwäche* fest.

Hat vorigen Sommer 38 Atemnotanfälle gehabt von je mehrstündiger Dauer. Fußschwellung früher nicht bemerkt, war außer Kinderkrankheiten nie krank. *Kurzatmigkeit* beim Treppensteigen und Laufen besteht schon lange. Seit 6 Jahren keine Menses mehr. 1916 Bruchoperation. 2 Geburten: Ein totes Kind. Keine Fehlgeburt. Vater an Asthma Exitus. Familienanamnese sonst o. B. Patientin ist *Linkshänderin* (nach Aussage ihres Ehemanns).

Befund: Mittelgroß, mittelgenährt. Hämoglobin 68%. Hautfarbe blaß; Wangen, *Lippen* und *Ohren* leicht *cyanotisch*. Nach längerem Sprechen und Bewegen *Lufthunger*. Ausgesprochene *Ödeme der Beine*, bis zu den Knien. Kopf o. B. Pupillen reagieren. Schleimhaut gut gerötet. Rachen o. B. Keine Struma, nirgends Drüsenschwellung. Thorax schmal, gleichmäßig gewölbt; bei Atmung beiderseits sich gleichmäßig leidlich ausdehnend. Lungengrenze vorn: 5. I.C.R., hinten links: 11. unterer Brustwirbelrand, rechts: gut 3 Querfinger höher; links gute, rechts wenig Verschieblichkeit. Sonst überall guter Klopfschall, der links hinten etwas sonorer klingt. Vesiculäratmen rechts unten über linker Spitze vorn und hinten und links vorn fast über der ganzen Seite giemende und knackende Geräusche auf der Höhe des Inspiriums. Vereinzeltes Giemen auch auf der rechten Spitze hinten. Patientin hat hin und wieder wenig *Auswurf*. Herzgrenzen: Mitte des Sternums, rechts außerhalb der Mam. etwa 12 cm von der Mittellinie, oben 4. Rippe. *Sehr leise Töne*. Keine Geräusche. Puls: regelmäßig inäqual, 115/Min. Blutdruck 133/55. Leib: weich, nicht druckempfindlich, keine Fluktuation nachweisbar, keine Dämpfung. Zahlreiche alte Striae, rechts in der Leistengegend gut verheilte Narbe. Leber und Milz nicht vergrößert. Extremitäten bis auf das Ödem o. B. Normale Reflexe auslösbar. Urin: E., Zucker.

Wird nach erfolgreicher Behandlung teilweise arbeitsfähig entlassen, um am 12. VIII. wieder aufgenommen zu werden, und zwar unter ähnlichen Erscheinungen wie das erstemal Patientin ist leicht benommen, Haut ikterisch, Lippe *cyanotisch*. Am 15. IX. wieder entlassen, um am 21. XI. nochmals aufgenommen zu werden wegen abermaliger *Stauungserscheinungen*. Am 3. XII. plötzlich Exitus.

Klin. Diagnose: Myokarditis, rechtsseitiger Hydrothorax; Ödeme der Beine. Chronische Nephritis, drohende Urämie, Hydrothorax links.

Sektionsprotokoll: Nr. 475/20, 4. XII. 1920. (Pathol. Inst. St. Georg, Leipzig-Eu., Dr. *Reinhardt*.) Mittelgroße, weibliche Leiche. *Starke Ödeme der Beine*. Totenstarre der Extr.; Totenflecke auf dem Rücken. Haut zeigt geringe, gelbliche Verfärbung an der Brust. An den Lippen stecknadelkopfgroße, blutige Epidermisdefekte. Am Kreuzbein eine 8 cm breite, 5 cm hohe, schwarzrote Verfärbung der Haut. Die Bauchhaut zeigt reichliche Striae. Schädel und Halsorgane nicht seziert. Thorax: mäßig gewölbt. Mamae schlaff. *Zwerchfellstand rechts unterhalb der 5. Rippe, links unterer Rand der 4. Rippe*. Die Organe der Brust- und Bauchhöhle zeigen einen totalen Sit. inv. Das Herz liegt in der rechten Brusthöhle. Im Herzbeutel wenige Kubizentimeter einer klaren, serösen Flüssigkeit. Herz: sehr groß, wiegt 520 g. Epikard: glatt. Subepikard. Das Herz liegt in der rechten Brustseite und reicht ungefähr vom linken Rand des Sternums bis 6 cm rechts vom rechten Sternalrande. Im Herzen liegt der rechte Ventrikel auf der linken Seite. Das Tricuspidalostium ist für 2 Finger durchgängig. Der rechte Ventrikel ist stark erweitert. Das Myokard des rechten Ventrikels ist $1/_2$ cm dick. Die Tricuspidalklappen und die Klappen der nach rechts, statt nach links ziehenden Pulm. sind dünn. Der rechts liegende linke Vorhof zeigt ein fibröses Endokard. Das Mitralostium ist für 2 Finger durchgängig. Die Muskulatur des linken Ventrikels ist 2 cm dick. Das vordere Mitralsegel hat mehrere pfenniggroße, gelbe Einlagerungen. Die Aortenklappen sind dünnwandig. In der Spitze des linken Ventrikels befindet sich ein pflaumengroßer, kugeliger, wandständiger Thrombus, daneben in den Trabekeln 2 kirschkerngroße Thromben. Die Coronararterien zeigen in ihrem Beginn geringe Verdickung ihrer Intima, sowie gelbe Verfärbung. Die Aorta läuft hinter der Ven. cav. inf. und zeigt stärkere Intimaverdickung. In beiden Pleurahöhlen 50 ccm einer serösen Flüssigkeit. Die in der linken Brusthöhle gelegene linke Lunge hat 3 Lappen. Die Lunge ist sehr blutreich. Das Gewebe der vorderen Teile des Oberlappens ist stark gebläht. Der Unterlappen zeigt in seinem hinteren, unteren Abschnitte stärkeren Blut- und geringeren Luftgehalt. Die in der rechten Pleurahöhle gelegene Lunge besteht aus 2 Lappen. Das Lungengewebe ist genau so beschaffen wie das der linken Lunge. Aus den Bronchien beider Lungen quillt reichlich gelber Eiter. In der Bauchhöhle findet sich der rechte Leberlappen links, während der Magen in der rechten Oberbauchhöhle liegt. Das sehr stark bewegliche Coecum liegt in der linken Unterbauchgegend und hängt etwas ins kleine Becken hinab. Das Colon transv. hängt ziemlich tief bis ungefähr in die Höhe des Nabels nach abwärts. Die Leber reicht mit ihrem linken Rand bis 6 cm über den Rippenbogen, in der Höhe der Mamillarlinie. In der Bauchhöhle 1$^1/_2$ Liter einer Eiter und Fibrinflocken enthaltenden, stark galligverfärbten Flüssigkeit. Es besteht eine leichte Kyphose in der Höhe des unteren Thorakal- und obersten Lumbalwirbels. Fettgewebe etwas gallig imbibiert. Gallenblase: etwa 7 cm lang, mit dem anliegenden Leberlappen ziemlich fest verwachsen. Ihre Serosa zeigt dicke, gelbe, fibrinös-eitrige Auflagerungen. In ihrer Mucosa zahlreiche, sowohl im Fundus wie im Hals gelegene Ulcerationen der Mucosa. In der Gallenblase trübe, eitrige Galle und 5 facettierte Cholestearinpigmentsteine. An der Vorderfläche findet sich inmitten einer starken, geschwollenen, ungefähr 1 cm dicken Stelle der Gallenblasenwand eine stecknadelkopfgroße Perforation der Gallenblase in die Peritonealhöhle. Der Duct. chol. ist sehr stark erweitert und zeigt — 2 cm — oberhalb der Papilla duodeni eine ungefähr 2 cm lange, 2 cm breite Erweiterung, in deren Bereich die Schleimhaut stark ulceriert ist. Leber: 23 cm breit, rechts 14 cm, links 21 cm hoch, Läppchenzeichnung sehr deutlich, Oberfläche etwas granuliert. Aus den Gallengängen quillt eine gallige, eitrige Flüssigkeit. Milz: liegt im rechten Hypochondrium, ist 11 cm lang; Trabekel deutlich sichtbar. Pulpa ziemlich fest, sehr blutreich. Der Magen zieht vom rechten Hypochondrium schräg nach links unten, nach dem Epigastrium zu; ist mittelweit. Schleimhaut sehr blutreich, sonst o. B. Pankreas: Das Fettgewebe des ganzen Pankreas zeigt eine gelbweiße Verfärbung. Die Läppchenzeichnung ist wenig deutlich, sehr blutreich. Der Duct. pancr. ist wenig erweitert. Im Dünndarm hellbrauner, flüssiger Kot. Schleimhaut o. B. Im Dickdarm fester, dunkelbrauner Kot. Schleimhaut o. B. Ein Gallenstein konnte im Darminhalt nicht mehr gefunden werden. Nebennieren: lipoidreich, Rinde blutreich, sonst o. B. Nieren: Je 11 cm lang, Kapsel sehr adhärent. Rinde wenig verschmälert. In der Oberfläche finden sich zahlreiche, unregelmäßige Narben und bis $^1/_2$ Pfennig große Cysten. Blase: mittelweit, Schleimhaut blaß, o. B. Uterus: Zwischen Uterus und Vagina findet sich in Höhe des äußeren Muttermundes, welcher vollkommen verstrichen ist, eine unregelmäßige Narbe. Im rechten Tubenwinkel sitzt ein kirschkerngroßer Schleimhautpolyp. Die Tuben und die Ovarien sind miteinander vollkommen verwachsen. Der Uterus ist stark nach rechts gezogen durch Adhäsionen zwischen rechter Beckenwand, rechter Tube und rechtem Ovarium. Die rechte Tube ist an ihrem Fimbrienende durch das in eine taubeneigroße, glattwandige Cyste umgewandelte Ovarium verschlossen. Die linke Tube und das linke Ovarium sind ebenfalls miteinander verwachsen. Linkes Ovarium haselnußgroß, etwas fibrös.

Bakteriologisch: Fibrinauflagerung von Gallenblase im Ausstrich und kulturell: Colibacillen. Wassermannsche Luesreaktion im Blut: sehr stark positiv (+++).

Mikroskopisch: Nieren: Herdweise findet sich Vermehrung des Bindegewebes. Hyaline Entartung der Glomeruli. Lymphocyteninfiltration. Die Gefäßwände sind verdickt. Die Kanälchenepithelien sind stark geschwollen, Nekrose der Kerne und Verfettung der Epithelien. Leber: Geringe Vermehrung des Bindegewebes mit vereinzelten Lymphocytenherden, Verfettung der Leberzellen. Herz: Geringe Lipofuscinablagerung. Pankreas: Ausgedehnte Nekrose des Fettgewebes und auch Drüsengewebes.

Anatomische Diagnose: Ulceröse, gangränöse Cholecystitis mit Perforation bei Cholelithiasis. Ältere, adhäsive und frische fibrinös-eitrige Pericholecystitis. Fibrinös-eitrige Peritonitis. Cholangitis der Leber und ulcerierende Cholangitis des Duct. choled. Fettgewebsnekrose des Pankreas, *Situs inversus totalis*, *Herzhypertrophie* und *Dilatation*. Randständige Thromben im linken Ventrikel. Lungenemphysem. Geringe Atherosklerose der Aorta und Coronararterien. Atherosklerotische Schrumpfnieren. Erguß in die Pleurahöhlen. Ödeme der Beine. Beginnender Druckbrand am Kreuzbein. Rechtsseitige Ovarialcyste. Adhäsive Perisalpingitis. Linksseitige Ovarialcyste. Uteruspolyp. Narben in der Vagina.

78. III. (Auszug aus Krankengeschichte der Inneren Abteilung.) Stat.-Arzt Dr. *Graeve.* Hahn, Max, Prokurist, 36 Jahre alt, wurde am 21. II. 1922 stark benommen und *cyanotisch* wegen *Encephalitis* und *Pneumonie* eingeliefert. Patient war früher nie ernsthaft krank gewesen; nur hin und wieder *rheumatische* Beschwerden, besonders im Rücken. Vor 13 Tagen Erkrankung an *Lungenentzündung.* Schneller körperlicher Verfall. Zunehmende starke *Cyanose* und Benommenheit. Das Fieber läßt nach, und er wird wegen Encephalitis und Pneumonie eingeliefert.

Befund: Mittelgroßer, kräftiger Mann im mäßigen Ernährungszustand. Patient ist leicht benommen und beantwortet Fragen unklar. Allgemeine Unruhe. Atmung beschleunigt, kurz und heftig. *Haut* und *Schleimhaut* stark *cyanotisch* — Kopf- und Halsorgane o. B. Lippen: trocken, dunkelbraun belegt. Zähne, Zunge, Rachen mit zähem rostbraunen Belag versehen. Thorax: gleichmäßig gewölbt und dehnbar. Lungen: über der linken Lunge hinten unten handbreite Dämpfung, die nach vorn in die Herzdämpfung übergeht. Linke Lungengrenze nicht verschieblich. Übrige Lunge o. B. Über der Dämpfung bronchiales Atmen und feinblasiges Knistern. Über der rechten Lunge und über der linken Spitze reichlich Giemen und Brummen. Patient ist zu schwach, zu expektorieren. Herz: Grenze nach links nicht zu bestimmen; nach rechts bis 2 gute Querfinger über den Sternalrand reichend. *Herztöne sehr leise*, aber rein. Puls sehr schwach. Abdomen: Leber nicht palpabel. Milz stark vergrößert und reicht bis zur Nabelhöhle hinab, sonst o. B. Extr.: Arm und Beine fühlen sich kalt an, zeigen in den verschiedenen Gelenken (Ellbogen, Knie seitlich, Fußgelenken) Druckstellen. Ebenso Druckstelle über dem Kreuzbein. Reflexe o. B. Urin: Leukoc., Epithelien, vereinzelte Erythroc. und feingranulierte Zylinder, massenhaft Detritus. Stuhl —. Blut: Hämoglobin 87%, Erythroc. 4,8 Mill., Leukoc. 22 000. Blutbild: Mikro- und Makrocyten — Normocyten — Myelocyten —, Neutrocyten 92%, Lymphocyten 6—5%, Eosinophile 5%, Mononucl. 1%.

Klinische Diagnose: Pneumonie des linken Unterlappens, Empyem des Herzbeutels (Sit. inv.).

Sektionsprotokoll: Nr. 538/22, 23. XI. 1922. (Pathol. Inst. St. Georg, Leipzig-Eu., Dr. *Reinhardt.*) Mittelgroße, männliche Leiche. Starke Totenstarre. Diffuse Totenflecke. Am Rumpf multiple Acnepusteln; etwas zahlreich sind dieselben in der Gesichtshaut. Hinter dem rechten Trochanter Furunkelrest. Am rechten Ellenbogen pfenniggroße, oberfläche Hautwunde. Mehrere kleine Hautnarben am Rumpf. An beiden Oberschenkeln kleine Stichwunden. Schädeldach: Symmetrisch, auffallend lang. Längsdurchmesser 19 cm, vorderer Querdurchmesser 12,7 cm, hinterer Querdurchmesser 14,7 cm. Schädeldach etwas dick und schwer. Dura mater mäßig gespannt, ihre Innenfläche feucht. An der Schädelbasis sammelt sich bei Herausnahme des Gehirns ziemlich reichlich leicht gelblicher Liquor an. Felsenbeine und Hypophyse o. B. Gehirn: 1470 g, seine Hirnhäute blutreich, ödematös. Gehirnarterien ziemlich dickwandig, enthalten reichlich Blut. Liquor in den Ventrikeln klar. Gehirnsubstanz von guter Konsistenz, ziemlich blutreich. Makroskopische Herde nicht erkennbar. Auf weiteren Durchschnitten durch das gehärtete Gehirn keine Herde. Bauch: wenig gewölbt. Brustkorb: zeigt in der Höhe des Ansatzes des 3. und 4. Rippenknorpels ziemlich starken Vorsprung dieser Knorpel und der zugehörigen Brustbeinpartie. Der untere Teil des Brustbeins fällt ziemlich stark schräg ab und geht über in eine muldenförmige Einziehung, deren tiefster Punkt am basalen Teil des Schwertfortsatzes sich findet. *Zwerchfellstand:* rechts und links *4. Rippe*. Es findet sich totaler Sit. inv. der Brust- und Bauchorgane. Parietalis und Visceralis perit. sind glatt. Zwischen Flex. duodeno-jejunalis und Col. transv. findet sich eine dicke Membran, welche von hier über das Col. transv. zum großen Netz zieht. Sonstige Anomalien an Organen, Mesocolon, Mesenterium finden sich nicht (abgesehen von der Verlagerung). Nach Eröffnung des Brustkorbes liegt die *linke Lunge*, welche teilweise verklebt und verwachsen ist, mit ihrem Oberlappen bis zur Mittellinie vor. Linke Lunge ist sehr groß und schwer, teilweise mit dünnen fibrösen Adhäsionen bedeckt; im ganzen Unterlappen sowie im hinteren, basalen Teil des Oberlappens mit dünnen, matten Fibrinauflagerungen bedeckt. *Rechte Lunge* ist klein, nach hinten und oben durch den abnorm erweiterten Herzbeutel verdrängt. *Herzbeutel* ist enorm erweitert, liegt mit seiner Spitze in der rechten, mittleren Axillarlinie fast an der Brustwand. Links liegt die Herzbeutelgrenze im 4. I. C. R., 7$^{1}/_{2}$ cm von der Brustbeinmitte entfernt. Die Ausdehnung des Herzbeutels beträgt im Querdurchmesser etwa 20 cm, seine Höhe in der Mittellinie etwa 18 cm. Rechte Zwerchfellkuppe durch den Herzbeutel nach hinten stark vorgewölbt. Der Herzbeutel ist gefüllt mit etwa $^{5}/_{4}$ Litern dickflüssigen und bröckligen, gelbweißen, eitrigen Exsudats. Perikard und Epikard mit dicker, höckriger, fibrinös eitriger, teils fest, teils locker sitzenden Membran bedeckt. Das *Herz* ist von diesem Exsudat ringsum umgeben. Seine Oberfläche ist vorn etwa 2—3 cm, an der Basis, an der rechten und linken Seite sowie hinten 4—6 cm vom Herzbeutel entfernt. *Herz* wiegt 400 g, zeigt ebenfalls vollkommene Verlagerung seiner Kammern, Vorhöfe und Gefäße. In den Höhlen flüssiges und geronnenes Blut. Myokard fest, rot, blutreich. Herzklappen dünn, glatt. *Aorta:* glattwandig, mittelweit, Coronarart. ziemlich dünnwandig. Aorta verläuft mit dem Arc. nach rechts, Aort. desc. liegt an der rechten Seite der Wirbelsäule. Linke Lunge: sehr groß, schwer; wiegt 1400 g, zeigt deutlich Ober-, Mittel- und Unterlappen. Gewebe ist nur in der Spitze und an wenigen Stellen an den anderen Partien wenig lufthaltig, sehr blutreich. In den übrigen Partien fest, größtenteils luftleer, pneumonisch beschaffen, teilweise durchblutet, stellenweise gelb-weißlich, broncho-pneumonische Abscesse. In den pneumonischen Partien einzelne wenig lufthaltige Stellen. In den Bronchien: reichlich Eiter. Rechte Lunge: wiegt 654 g, zeigt große Lappen. Ihr Gewebe ist blutreich, größtenteils lufthaltig. In den medialen und basalen Abschnitten der Unterlappen atelektatisch. In der Trachea und Kehlkopf eitriges Sekret, ihre Schleimhaut blutreich. Kehlkopfschleimhaut etwas ödematös gequollen. Zunge, Bauch o. B. Milz: 11 cm lang, 7,5 cm breit, blutreich, mäßig fest. Leber: entsprechend groß, normale Entwicklung. Gallenblase: hühnereigroß. Magen: ziemlich weit, Schleimhaut o. B. Duodenum, Pankreas, Dünndarm: o. B. Dickdarm: ziemlich weit. Coecum: liegt an der linken Darmbeinschaufel. Wurmfortsatz: 9 cm lang, liegt frei an der Hinterfläche des Coec. mobil. Nebennieren, Nieren, Harnblase, Genitalien: o. B. Wirbelsäule: o. B. Rückenmark: makroskopisch o. B., graue Substanz blutreich. Bakteriologisch: 1. Herzbeutelinhalt: Pneumokokken und gramnegative Bacillen. 2. Linker Unterlappen: (Pneumonie) Pneumokokken und hämolysierende, gelbe Staphylokokken und gramnegative Bacillen. 3. Pneumonie: Oberlappen (linke Lunge) Pneumokokken. Cytol: sehr zellreich, viel Lymphocyten, Leukocyten, Erythrocyten, Endotheldesquamation. Serologisch: Wassermannsche Luesreaktion negativ. Liquor: stark getrübt, blutig. Nonne: ++ (positiv); Pandy: + (positiv). — Mikroskopisch: Rückenmark: keine Veränderung; Lendenmark: keine Bes.

Anatomische Diagnose: Pneumonie der Lunge. Fibrinöse Pleuritis. Eitrige Bronchitis Hochgradiges Herzbeutelempyem. Situs inversus totalis.

Besprechung der 3 „Situs-inversus-totalis"-Fälle aus Patholog. Institut zu St. Georg.

Vergleicht man die drei Fälle von St. Georg mit den bereits bekannten und dem neuen hier vorher zitierten Material, so lassen sich schon ausgesprochene, aber auch neue Vergleiche ziehen. Die des öfteren schon hervorgehobene *Cyanose* findet sich auch deutlich bei den Fällen *Hahn* und *Wehner*, analoge Erscheinungen zeigen die Fälle 12, 22, 23 und 24. Überhaupt sind Herzbeschwerden typische Erscheinungen, wie sie sich besonders im Falle *Wehner* zeigen, wo auch Atemnot mit vorherrscht (die Fälle 12 und 70 haben dieselben Beschwerden). Stauungen und Ödeme, wie bei Fall *Wehner*, finden sich auch in den Fällen 13, 22, 24. Daß die Lungen so oft geschädigt sind, scheint durch die Herzdefekte mitbedingt zu sein, bzw. mitunterstützt zu werden; was ja leicht erklärlich ist. Pneumonien findet man oft in den Anamnesen der Sit.-inv.-tot.-Träger verzeichnet, ebenso sonstige Schädigungen der Luftwege und der Lungen. Pneumonien, Pleuritiden, Lungentuberkulose weisen auch meine Fälle 17, 22, 23, 24, 49, 77 und 15 auf. Daß die Herztöne leise gehört wurden, erklärt sich nur zu leicht aus der invertierten Herzlage, und daß die geschwollene Milz für die Leber gehalten wurde, beweist von neuem, wie sehr man auf der Hut sein muß. Es ergibt sich daraus wiederum die dringende Notwendigkeit, daß die genaue Situsdiagnose klinisch unbedingt gestellt werden muß, schon im Interesse einer nicht falschen Therapie und rechten Würdigung des Falles. Es ist dies auch beim totalen Sit. inv. ohne weiteres möglich, wie schon an anderer Stelle betont und ausgeführt wurde. Der Hilfsmittel gibt es genug, um damit auch ohne Röntgenapparat weiterzukommen, der uns oft über den Brustsitus noch arg im Zweifel läßt. Es sei in dieser Beziehung nochmals an die *Seitz*schen *Perkussions-*

und *Auscultations*feinheiten erinnert. Die pathologischen Befunde sind, soweit sie in Frage kommen, zum Teil recht typisch und interessant. Die Herzanatomie und -pathologie ergibt oft nachzuweisende Tatsachen für den Sit. inv. tot., besonders die Fälle von *Baumann* und *Wehner*. Doch sind die klinischen Herzerscheinungen wenig hervorgehoben und berücksichtigt, so daß man Vergleichsschlüsse schwerer ziehen kann. Die Kyphose läßt an Fall 13 erinnern. Die Verkrümmungen des Rückgrats sind indessen besser und vor allem, was das physiologische Maß betrifft, in der Klinik zu stellen. Ich will hiermit nur an die invertierten, normalen Rückenkrümmungen erinnert haben. Alle drei Fälle zusammen genommen sind eine Verneinung der *Hyrtl*schen Anschauung, daß Nebenmilzen ein Spezificum des Sit. inv. tot. darstellen. Sicher besteht diese Verneinung zu Recht, wofür sich schon *Martinotti*, als sehr beachtlicher Autor, einsetzte. Die Teilung der Milz in fast zwei Hälften bei dem Falle *Baumanns* läßt an die Fälle von *Potamianos* (Fall 1) und *Moser* denken. Man findet deratige Milzteilungen nicht sehr selten, besonders nicht beim Sit. inv. tot., der auch, wie schon erwähnt, Agenesie der Milz nicht aufweist (aber relativ oft der partielle Sit. inv.), was bisher jedenfalls bei noch keinem Sit. inv. tot. festgestellt worden ist. Leider findet man sonst wenig derartige Angaben über die Milzverhältnisse. Ein bisher wohl wenig in der gesamten Literatur berücksichtigtes Phänomen (s. auch die Fälle 13, 17 und 19) trifft auch für den Fall *Wehners* zu; ich meine das links höhere, also invertierte Zwerchfell, was man sehr wenig erwähnt findet. Fall *Hahn* ist bei beiderseitigem, gleich hohem Zwerchfellstand nicht mit ins Feld zu führen. Man darf den Fällen in der Zukunft in dieser Beziehung mehr Beachtung wünschen.

Statistik
(der in dieser Arbeit zusammengestellten Sit.-inv.-tot.-Fälle).

Fall	Alter in Jahr.	Geschlecht
1. Lebt wohl noch; klinisch? Röntgenbild nur	?	m.
2. Nach Dr. Günther, ohne weitere Angaben	?	?
3. Nach Dr. Günther, ohne weitere Angaben	?	?
4. Nach Dr. Günther, ohne weitere Angaben	0,17	m.
5. Nach Dr. Günther, ohne weitere Angaben	1,25	m.
6. Nach Dr. Günther, ohne weitere Angaben	1	m.
7. Nach Dr. Günther, ohne weitere Angaben	0,14	m.
8.	alt	w.
9. Starb an Meningitis bas. Atemnot, Cyanose, Maurergehilfe, Röntgenbild	25	m.
10. Lebt noch	30	w.
11. Kyphoskoliose. Nebenmilz, Trommelschlägelfinger, Ödem, systolisches Geräusch. Schuhmacher. Exitus	48	m.
12. Starb an Pneumonie, uneheliches Kind	0,83	m.
13. Bei Musterung entdeckt, verheiratet, 2 Kinder; Masern und Pneumonie gehabt	32	m.
14. Bei Musterung entdeckt, Schlossergeselle	22	m.
15. Zwei Brüder	19	m.
16.	21	m.
17. Wegen Scabies behandelt, linkss. Skoliose	21	w.
18.	Kind	?
19. Starb an Phthise. Klavierträger	34	m.
20. Gefäßanomalien, cerebrale Kinderlähmung. Epilepsie. Cyanose	21	m.

Fall		Alter in Jahr.	Geschlecht
21.	Pleuritis. Emphysem. Cyanose. Herzbeschwerden	46	w.
22.		?	m.
23.	Starb an Bronchitis	$1/2$	m.
24.	Hochgradige Cyanose. Trommelschlägelfinger	27	m.
25.	Herzanomalien	Neugeb.	w.
26.	Militärpflichtig. Gesund	40	m.
27.		?	?
28.	Soldat. Diensttauglich. Erwerbsfähig	21(?)	m.
29.	Doppelseitige kongenitale Cystenniere (Geburtshindernis)	Kind	?
30.	Ulan. Ausgesprochene rechtss. Varicocele (rechter Hoden tiefer)	21	m.
31.	Typhlitis. Kam zur Sektion. Diagnose i. Leben	19	w.
32.	Völlig herzgesund. Röntgendiagramm. Elektrodiagramm	38	m.
33.	Röntgenbild	?	?
34.	Herzbeschwerden. Linkshändig. Aortenstenose	?	m.
35.	Schwere kong. Herzfehler. Tod an Nierenabsceß nach Angina	21	m.
36.	Appendicitis. (Vor Operation diagn.)	?	w.
37.	Appendicitis = Fehldiagnose anstatt Salpingitis. Rechtshändig	26	w.
38.	Ca. ventriculi et peritonei	?	?
39.	Militärtauglich	?	m.
40.	Dr. med. stellt sich selbst als Träger eines im 9. Lebensjahre entdeckten Sit. inv. tot. vor. Paratyphlitis	9	m.
41.	Meningitis-Tuberkulose	1	?
42.		?	?
43.		?	?
44.		?	?
45.		?	w.
46.	Tuberculosis pulmonaris	?	?
47.		28	m.
48.		1,3	w.
49.	Elektrokardiogramm. Rechtshändig. Schüler	16	m.
50.	Militärtauglich. Radiogramm	?	m.
51.		?	?
52.	Zwillinge. Rekruten	?	m.
53.		?	m.
54.	Von 6 normalen Geschwistern der einzige mit Sit. transv.	16	m.
55.	Peritonitis tuberculosa	6	w.
56.	Appendicitis. Patient kannte seinen Zustand. Armierungssoldat	26	m.
57.		?	?
58.	Rechte Gesichtshälfte schwächer als linke	20	m.
59.	6. und 8. Rippe rechts haben keine knorpl. Verbindung mit Sternum. Abductor pollicis brevis beiderseits atrophisch	?	m.
60.	Gallensteine. Röntgenbild	51	w.
61.	Vater und Sohn ($1/2$ Jahr alt gestorben). (Beide denselben Zustand)	69	m.
62.		$1/2$	m.
63.	Eiterung des retroperiton. Zellgewebes. Gestorben an Nephritis (Amyl.)	45	w.
64.	Fall 63/64 unter etwa 10 000 Sektionen	?	?
65.	Magen-Darmkatarrh	19	w.
66.	Augenleiden ohne sonstige Mißbildungen	Kind	?
67.	Atemnot. Leichte Erregbarkeit. Schnelle Ermüdung	33	m.
68.		?	
69.	Chronische Obstipation und Schmerzattacken am MacBurnschen Punkt. Appendicitis = Fehldiagnose: anstatt rechtsseitige Hydronephrose	24	w.
70.	Linksseitige Pneumonie. Diagnose intra vitam	28	m.
71.	Im Wochenbett gestorben	28	w.
72.	Appendicite chronique à gauche	?	?

Fall	Alter in Jahr.	Geschlecht
73. Öfters Bronchialkatarrh	?	w.
74. Schwester von Fall 73. Pneumonie und Pleuritis, Appendicitis und Periton.	19	w.
75. Perikarditis. Mitralinsufficiens. Strabismus convergens	28	w.
76. Starb an chronischer Tuberkulose; ohne Beruf	40	w.
77. Myokarditis. Arteriosklerose. Schrumpfniere. Ascites. Ödeme. Herzmuskelinsuffizienz	56	w.
78. Pneumonie links. Herzschwäche. Prokurist	36	m.

78 Fälle: 18 weibliche, 40 männliche, 15 ?, d. h. rund 30% weiblich und 70% männlich (60% männlich. Durchschnitt).

Daß mehr männliche Fälle, erklärt sich wohl dadurch, daß weniger weibliche zur Sektion kommen.

Beachtenswertes zur Diagnose.

Einleitend sei bemerkt, daß man oft Autodiagnose des Zustandes (im Gesamtmaterial etwa zehnmal) gestellt hat.

Klinisch: Es wäre besonders auf Einzelheiten und variierte Untersuchungsmethoden hinzuweisen. Abgesehen sei dabei von selbstverständlichen Inspektions-, Palpations-, Auscultations- und Perkussionsbefunden, die sich aus den invertierten Situsverhältnissen des Bauches und der Brust ergeben. Anamnestisch ist auf „Händigkeit", evtl. auch auf vorhandene Abnormitäten und Mißbildungen des Trägers oder in seiner Familie im weiteren Sinne zu achten; besonders aber auch auf Herz- und Gefäßanomalien und schließlich auch darauf, welche Gesichtshälfte die intelligentere ist. (Bei Sit. solit. die rechte!) Vielleicht nicht uninteressant wären Angaben über die Scheitellage des Kopfhaares, die gewöhnlich, falls nicht besondere Momente spielen, sich links befindet; ebenso Gehversuche mit geschlossenen Augen, wobei bei gewöhnlichem Situs ein Abweichen nach links beachtlich ist (durch den kräftigeren Gebrauch des rechten Beines), was also beim Sit. inv. tot. ein Rechts zu bedeuten hätte. Überhaupt ist das Augenmerk mit auf die dem Gewöhnlichen entgegengesetzten Funktionen zu richten. Die Halsgefäße der Leberseite sind größer und dicker als die der Milzseite. Bei Sondeneinführung ist allgemeine Regel: Spitze der Sonde nach der Milzseite richten, also bei Sit. inv. nach rechts; aus demselben Grunde erscheinen Fremdkörper rechts am Hals und sind da palpabel. Varicocelen finden sich beim Sit. inv. häufig rechts, also ein dem sonst konstatierten umgekehrtes Verhalten, was mit dem invertierten Hodenstand (*Ebstein* fand unter 36 männlichen Sit. inv. 28 mit rechts tieferen Hoden), auf den *M. Baillie* schon 1788 hinweist, zurückzuführen ist. Wanderniere, gewöhnlich die rechte, ist beim Sit. inv. meist die linke. Für Statistiken wichtig wäre die Feststellung, ob bei Sit. inv. die rechte Lunge zuerst Tuberkulose aufweist. Ebsenso sind auch Brustumfang beiderseits und Lungenkapazität festzustellen. Wichtig ist, auf welcher Seite die geschluckte Flüssigkeit an der Wirbelsäule deutlicher hörbar ist. Der Uterusstand im schwangeren und nichtschwangeren Zustand, der bekanntlich bei Sit. solit. mehr nach rechts abweicht von der Medianen, ist beachtenswert; ebenso Messungen der Extremitäten und Formitäten und Deviationen der Wirbelsäule und endlich noch das laryngoskopische Bild. Man hüte sich vor Appendicitis- und anderen Fehldiagnosen (rechtsseitige Hydronephrose und Salpingitis!). Ein gutes diagnostisches Hilsmittel ist das kombinierte Röntgenverfahren, das einen sehr guten Einblick in die topographischen Verhältnisse des Sit. inv. geben kann. Die Lungentransposition ist mit Sicherheit intra vitam festzustellen durch die von *Eug. Seitz* (1860) eingeführte sehr feine, differentielle Perkussion beider Lungenflügel: Bei normalem gesunden Individuum mit regulärem Situs ist auf der linken Seite gewöhnlich beim Vergleich identischer Punkte der Lungen das Inspirium stärker als rechts, das Exspirium dagegen rechts schärfer und dem bronchialen näherstehend; außerdem ist der Pectoralfremitus konstant rechts stärker als links (bei Sit. inv. diese Verhältnisse also umgekehrt).

Schrötter fand bei Sit. solit. im Spiegelbild des Kehlkopfspiegels, daß der links sichtbare (eigentlich rechte) Bronchus ein größeres Kaliber hat als der rechts sichtbare (eigentlich linke). Diese Tatsachen lassen ebenso eine Umkehrung bei Sit. inv. tot. erwarten.

Bei der *Sektion*: Auch hier sei von landläufigen Tatsachen abgesehen. Beachtenswert und wichtig sind dabei folgende Angaben:

Anomalien, Mißbildungen, der Verlauf der Wirbelsäule (bei Sit. inv. thoracal. häufig nach links ausgebuchtet, sonst nach rechts). Falls noch feststellbar, der Hodenstand (bei Sit. inv. tot. meist rechts tiefer), die Lage der Glandula thyr. (das rechte Horn soll bei Sit. inv. tot. mutmaßlich höher liegen), der N. recurr. ist der kürzere bei Sit. inv. tot. Neben den umgekehrten Verhältnissen an den Gefäßen achte man auch auf die der Muskulatur und der Nerven, bei letzteren besonders auf die Nn. vag. und phrenic. (R. sin. kürzer bei Sit. inv.). Das fast gewöhnliche Vorkommen von Nebenmilzen bei Sit. inv. tot. erwähnen schon *Heuermann* (1751), *Math. Baillie* (1780) und *Abernathy*; *Hyrtl* hält es fälschlicherweise für spezifisch (und erwähnt diesbezüglich Anzahlen von 40, 100 und mehr.) Der Hoden der Milzseite zeigt häufiger Varicocele, d. h. also bei Sit. inv. tot. der rechte, da die Art. iliaca com. der Milzseite nach *Hyrtl* u. a. ein größeres Kaliber hat. Dasselbe gilt von der Wanderniere, die bei Sit. inv. tot. die linke ist. Welche Lunge zeigt eher bzw. als einzige Tuberkuloseherde? Bei Sit. inv. ist dabei auf die rechte Lunge mehr zu achten als wie normal auf die linke. Der Uterusstand, besonders auch der Schwangeren, ist normal bekanntlich nach rechts verschoben; bei Sit. inv. dürfte er umgekehrte Lage zeigen. Der Zwerchfellstand dürfte auch stets invertiert sein. Es wäre angebracht, künftig mehr auf den Nierenstand zu achten, der auf der Leberseite, bei Sit. inv. also links, der tiefere sein dürfte. Der Duct. thorac. ist fast ausnahmslos transponiert gefunden worden.

Es seien diese Angaben nicht als ergänzend-umfassend zu bewerten, sondern als eine Auswahl aus einer unendlichen Fülle, die z. T. schon aufgestellt wurde, bzw. neu aufgestellt worden ist und jederzeit erweitert werden kann.

Allgemeines über Inversionen und Schlußbetrachtungen.

Nach *Baretta* sollen bei Rechtsern die Milchzähne oft rechts früher in Erscheinung treten und umgekehrt bei Linksern dementsprechend links früher. Ob die Händigkeit aber durch den Sit. inv. beeinflußt wird, muß noch dahingestellt bleiben, da in dieser Beziehung die Anschauungen noch zu sehr in Gegensätzen aufeinander prallen. Die Tatsache des differenten Abganges der Art. subclav. mag sehr wohl einen verschiedenen Blutdruck beider Arme und bessere Versorgung des einen (normal rechten) Armes zur Folge haben, die sich in seinem vorherrschenden Gebrauch dokumentiert. Schwierig ist das Problem der Extremitätenbevorzugung dadurch zu lösen, daß es „Kunst"-, „Muß"- und „Wahl"-Händigkeit gibt, und daß unsere ganze Tätigkeit auch in der Öffentlichkeit auf „rechts" eingestellt ist. (z. B. Instrumente, Türklinken, Verkehrsfahrzeuge u. a.). Dasselbe gilt sicher auch von den Füßen und der Haltung des gesamten Körpers. So wäre z. B. die Haltungsasymmetrie („Standbein"), das Abweichen nach links beim Gehen mit geschlossenen Augen, noch zu untersuchen: Ein ebenso schwieriges Unterfangen, wie die Feststellung der Händigkeit. Beim Militär z. B. ist die rechte untere Extremität das „Mußstandbein", und der Hoden ist links zu tragen, eine Verordnung, die besonders in den früheren Jahrhunderten durch das enge Beinkleid bedingt war. *Beckers* Forderung, daß jeder Sit.-inv.-tot.-Träger, falls er sonst gesund ist, militärtauglich ist, will *Küchenmeister* aus Gründen der Humanität eingeschränkt wissen. Nach *Baldwin* und *Voelkel* wird die Händigkeit bereits beim sieben Monate alten Kinde als konstitutionelles Merkmal erkennbar. Die auch von *Wundt* angenommene größere Stoßenergie der rechten Seite beim Gehen wird durch asymmetrische Schuhsohlen- und Absatzabnutzung manifestiert. Beim Linkser soll eine Inversion dieses „Schuhsohlensymptoms" erfolgen. Die schon lange bekannte Tatsache, daß das rechte Auge in der Regel bei Rechtsern stärker und besser sieht, wird von *Bieroliet* noch dahin erweitert, daß sich das Gehör und die Sensibilität ebenso verhält, und zwar im Verhältnis 10 : 9. Über inverse Formen und Sit. inv. bei Tieren sei auf die bereits angeführten Tatsachen hingewiesen, soweit sie im folgenden nicht erwähnt sind. *Zur Straßen* fand bei natürlicher Entwicklung der Eier von Asaris megaloceph. eine inverse Form auf 30—40 reguläre Eier. Aus künstlich befruchteten Seeigeleiern entwickelten sich 10% inverse Larven. Besondere Beachtung fand schon von jeher die Schraubungsform bei Schnecken. Die dem Volke bekannte Seltenheit der Inversion mancher Spezies führt zu hoher Bewertung. Die Linksturbinella wurde in Indien sehr teuer bezahlt und der Statue des Wishnu in die linke Hand gegeben. Bei unserer Weinbergschnecke (Helix pomat.) sind die seltenen Linksformen als Schneckenkönige bekannt: *Mortillet* fand unter 18 000 Exemplaren 6 Linksschnecken, so daß sich eine Häufigkeit von 0,03% ergibt. Es gibt aber ebenso Arten, wo die Schraubung nicht konstitutionell auftritt, so daß z. B. Achatinella und Amphitromus 50% Inversionen aufweisen. Daß *Mangold* bei Triton taeniatus auf 57 Larven und bei Triton alpestris auf 47 eine Inversion, außerdem partielle Übergänge fand, berichtete ich schon. *Günther* knüpft hieran die Meinung, daß totaler, visceraler Sit. inv. (Herz und Darm mit Anhangsorganen) zweifellos selten sei, und zitiert als Kontra von *Hallers* Meinung, daß dies nicht sehr selten ist. Es steht *Hallers* Meinung heute fest da, denn der partielle Sit. inv. ist viermal seltener als wie der totale beim Menschen, wie wir schon feststellten. Die Häufigkeitsziffer oder den Prozentsatz für den Sit. inv. tot. festzustellen, ist eine sehr spekulative Angelegenheit. Um genauere Werte zu erhalten, ist wohl kaum das Material einzelner Institute maßgeblich, was man auch deutlich aus den ganz verschiedenen Prozentzahlenergebnissen ersieht. Es bleibt auch zu sehr dem Zufall überlassen, daß eine totale Inversion zur Sektion kommt. Für die Leipziger Medizinische Universitätsklinik kommt eine Häufigkeit von 0,0079% zustande (63 379 Pat., darunter 5 Inversionen: 4 weiblich und 1 männlich). Eine Zahl, die *Günther* mit Recht für zu niedrig hält. Sicher ist auch *Günthers* mittlere Häufigkeitszahl von 0,014% noch zu niedrig bemessen. Das Leipziger Pathologische Universitätsinstitut zeigt unter 22 402 Sektionen in 11 Jahren 3 totale Inversionen, also 0,0134%. Das Pathologische Institut des Krankenhauses „St. Georg", ebenfalls in Leipzig, weist eine Prozentzahl von etwa 0,08% auf, was sich auch weit eher an die tatsächlichen Verhältnisse anlehnen mag (3 Fälle auf 4668 Sektionen in 11 Jahren). Der zitierte Fall 34 bringt am Schlusse eine Häufigkeitszahl von 0,02% (10 000 Sektionen: 2 Fälle). Das Verhältnis der Geschlechter bei Sit. inv. tot. ist etwa: 30% weiblich und 70% männlich. Bei *Küchenmeister* entfallen auf 3 männliche 1 weiblicher Fall. *Martinottis* 191 Fälle ergeben: 123 (65%) Männer, und unter 44 Fällen von Sit. inv. part. 24 (54%) Männer. Ob die Statistik recht hat, bleibt noch dahingestellt. Man darf ganz allgemein, besonders für früher annehmen, daß die weiblichen Sektionen an Zahl geringer sind als die männlichen, so daß das Plus bei den männlichen dadurch zu erklären ist und man kaum so große Unterschiede wird mutmaßen können. Die Leipziger Institute liefern ein eklatantes Beispiel der umgekehrten Verhältnisse.

Potamianos zeigt folgende Zahlen in seinen 27 Fällen: 18 männlich und 6 weiblich. Er findet unter 27 Fällen nur eine partielle Inversion, wohingegen der Sit. inv. part. in Wirklichkeit bei weitem nicht so selten ist und, wie schon angedeutet, sich etwa zum totalen Sit. inv. wie 1 : 4 verhalten dürfte. Wie schon *Lancise* 1744 annimmt, spielt die Heredität keine ätiologische Rolle bei Entstehung des Sit. inv. *Potamianos* und *Günther* sowie andere schließen sich dieser Anschauung an. Obwohl einige Fälle von familiärem Auftreten bekannt sind, dürfte man auch kaum von Heredität im strengen Sinne sprechen können. Ganz allgemein kommen beim Sit. inv. (seltener beim totalen) relativ häufig kongenitale Herzanomalien vor: besonders offenes Foramen ovale, Fehlen der Ventrikelscheidewand, Stenose des Ostium pulm., Stenose und Obliteration der Art. pulm. und Durchgängigkeit des Duct. Botalli, besonders sind auch Milzanomalien an der Tagesordnung. In den Fällen von *Gruber* z. B. folgende Beobachtungen: Die Milz fehlt unter 79 Fällen 3 mal (*Bujaliki*, *Valleex*, *Martin-Bruchet*, bei Sit. inv. part.); 1 mal ist sie auf einem kleinen Knoten reduziert (*Debouie*) 5 mal war sie mehrfach und hatte sie 2 Portionen (bei *Moser*), oder 3 (*Whinnie*), oder hatte 2 Nebenmilzen (*Gruber*), oder 4 (*Hyrling*, *Baillie*) und zeigte 1 mal den Anfang ihrer Teilung in 3 Abschnitte. (*Cornatz*) Die *Hyrtl*sche Anschauung, daß Nebenmilzen beim Sit. inv. spezifisch auftreten sollen, scheint sich als nicht tatsächlich zu bestätigen. *Martinotti* ist ebenfalls Gegner der *Hyrtl*schen Anschauung auf Grund seines großen Materials. Die 3 Fälle des pathologischen Instituts zu St. Georg wären hierfür neben den *Gruber*schen und auch anderem Material (z. B. *Küchenmeister* und *Potamianos*) ins Feld zu führen. Anomalien der Milz scheinen allerdings häufig zu sein, wie auch das Material von St. Georg mit beweist.

Bei Erwachsenen ist die Brustwirbelsäule oft deviiert, und zwar in der Gegend des 3. bis 9. Wirbels. als geringe Skoliose nach rechts. Hierfür wurden zwei Hypothesen aufgestellt.

I. *Sebatier*, *Bouvier*, *Bühring* und *Gruber*: Ursache ist der Verlauf der Aorta.

II. *Pichat, Beclard*: Ursache ist der Ursprung der Muskeln der rechten oberen Extremitäten und deren vorherrschender Gebrauch.

Potamianos gibt der Theorie von *Sabatier* mehr Recht, obwohl die *Bichat*sche sicher ebensoviel Recht für sich beanspruchen kann. Der Tiefstand des rechten Hodens wird als konstantes Merkmal des Sit. inv. tot. angenommen.

Zur Frage der Erblichkeit wäre noch folgende Tatsache interessant. Bei Linksschnecken können sich nur 2 gleiche inverse Formen paaren und dadurch ist die Möglichkeit zur Vererbung an sich schon sehr gering. Nach den umfangreichen Untersuchungen des Conchylienforschers *Chemnitz* ergibt das Paaren von inversen Formen der Helix pomat. nur Rechtsformen. Ebensolche Ergebnisse hatten *Lang* und *Künkel*. Bei Helix aspera fanden *Hele* und *Cailliaud* nach Kopulation von Linksern auch nur Rechtsschnecken. *Dewik* hatte dasselbe Resultat bei Limnea palustris.

Unter den neu zitierten Fällen finden sich anscheinende Erblichkeitsmomente. Nach *Günther* spielt bei der Vererbung von Anomalien der Nachweis von Generationsrhythmen eine Rolle. Er selbst sah 2 Geschwister (weiblich) mit Sit. inv. tot. und erwähnt noch folgende Fälle: *Rogi*: 2 inverse Geschwister in einer Familie (männlich 34 Jahre, weiblich 20 Jahre). *Leroux, Labbé* und *Barret* erwähnen 2 inverse Brüder von 17 und 13 Jahren. *H. Curschmann* fand ebenfalls 2 inverse Geschwister nicht blutsverwandter Eltern; beide Geschwister waren linkshändig (männlich und weiblich). *Ochsenius*: 2 rechtshändige Brüder, wo die Großmütter Schwestern waren. *Fröhlich*: 3 Geschwister mit Sit. inv. (2 männlich und 1 weiblich).

Der Sit. inv. tot. hat auf Alter und Gravidität keinen Einfluß. Es sind z. B. 84jährige Patienten mit Sit. inv. tot. bekannt und ebenso Frauen, die 12 und 16 Kinder zeugten.

Nachzutragen wäre noch, daß *Toldt* festgestellt hat, daß Milzagenesie, also totales Fehlen, bei Sit. inv. tot. noch nirgends nachgewiesen ist.

Auch *Küchenmeister* weist keinen derartigen Fall auf. Bei partiellem Sit. inv. ist dies relativ häufig der Fall; auch Mißbildungen im unteren Hohlvenengebiet sind bei letzterem besonders häufig zu beobachten. *Küchenmeisters* Fälle dürften übrigens kaum alle wirklichen Sit. inv. tot. darstellen, und nur etwa 50 Fälle sind deutsche (50 französische, 30 englische und 20 andere Fälle etwa außerdem). Ich führe dies zu einer gewissen Entschuldigung der in dieser Arbeit aufgestellten Fallzahl an, die sich auf fast nur rein deutsche Literatur aufbaut, da die ausländische Literatur durch die Verhältnisse nicht so umfangreich zur Verfügung stand; außerdem ist zu berücksichtigen, daß sich diese Fälle nicht wie wohl alle früheren Arbeiten auf diesem Gebiet sich z. T. mit auf bereits zusammengestelltes Sammelmaterial mit aufbauen. Ich habe alle nur irgendwie zweifelhaften Fälle, und deren waren es viele, grundsätzlich nicht mit zusammengestellt. Außerdem erstreckt sich das hier zusammengestellte Material nur über 17 Jahre und nicht über Jahrhunderte. Immerhin beweist die Fallzahl von 78 weitaus, daß das Material in der Zeiteinheit sich immer mehr häuft, was ja durch die modernen Einrichtungen keineswegs verwunderlich erscheint.

Literaturverzeichnis.

[1]) *Etmüller*, De viscerum situ invers. Lips. 1721. — [2]) *Ludwig*, De sit. praeteratuali viscerum infimi ventric. Lips. 1759. — [3]) *Meyer, Sig.*, De situ visc. abnormi. Lips. 1817. — [4]) *Potamianos*, Beiträge zum Sit. visc. inv. Berlin 1879. — [5]) *Brüning-Schwalbe*, Handb. d. allg. Pathol. u. d. pathol. Anat. d. Kindesalters. Wiesbaden 1913. — [6]) *Schwalbe*, Morphologie der Mißbildungen. Jena 1906. — [7]) *Orth*, Pathologisch-anatomische Diagnostik. Berlin 1917. — [8]) *Graanboom*, Zeitschr. f. klin. Med. **18**. — [9]) *Otto*, Neue seltene Beobachtungen über Anatomie. Breslau 1816. — [10]) *Otto*, Lehrbuch der pathol. Anat. Breslau 1814. — [11]) *Schmidt*sche Jahrbücher **14**. 1837. — [12]) *D'Alton, E.*, Zeitschr. f. Zool., Zootomie u. Palaeozool. **1**. 1848. — [13]) Prager med. Wochenschr. 1890, Nr. 8. — [14]) Zentralbl. f. allg. Pathol. u. pathol. Anat. **11, 31**. — [15]) *Frorieps* neue Notizen **15**. — [16]) *Franklin, P. Mall*, Über die Entwicklung des menschlichen Darmes und seine Lage beim Erwachsenen. Arch. f. Anat. u. Physiol., Suppl.-Bd. 1897, S. 403. — [17]) *Hertwig*, Handb. d. vergl. u. experim. Entwicklungslehre d. Wirbeltiere **2**. Jena 1903. — [18]) *Meyer, R.*, Die ursächlichen Beziehungen zwischen Sit. visc. und Sit. cordis. Arch. f. Entwicklungsmech. d. Organismen. — [19]) *Förster*, Die Mißbildungen des Menschen. Jena 1861. — [20]) *Ahlfeld*, Die Mißbildungen des Menschen. Leipzig 1880 und 1882. — [21]) *Langer-Toldt*, Anatomie (S. 368). Wien u. Leipzig 1911. — [22]) *Lehmanns* med. Atlas **5**, 169. München 1912. — [23]) *Broman, Ivar*, Normale und abnorme Entwicklung des Menschen (S. 332 u. 398). Wiesbaden 1911. — [24]) *Kitt, Th.*, Pathol. Anatomie der Haustiere **1**, 133. Stuttgart 1910. — [25]) *Keibel-Elze*, Normentafeln zur Entwicklungsgeschichte des Menschen. Jena 1908. — [26]) *Ziegler*, Allg. Pathologie Jena 1905. — [27]) *Günther, H.*, Die biologische Bedeutung der Inversionen. Biol. Zentralbl. **43**. 1923. — [28]) *Virchow* u. *Hirschs* Jahresberichte 1874, S. 19. — [29]) *Galinski*, Inaug.-Diss. 1894. — [30]) *Becker*, Militär-ärztl. Zeitschr. 1908. — [31]) *Bommes*, Fortschr. a. d. Geb. d. Röntgenstr. **12**. — [32]) *Sorge*, Dissertation. Berlin 1906. — [33]) *Schelenz*, Diss. 1909. — [34]) *Küchenmeister*, Die angeborene, vollständige, seitliche Verlagerung der Eingeweide des Menschen. Lips. 1888. — [35]) *Schulze, B. G.*, Beitrag zur Kenntnis des Sit. trans. Inaug.-Diss. Marburg 1896. — [36]) *Rindfleisch*, Lehrb. d. pathol. Gewebslehre. Leipzig 1886. — [37]) *Corning*, Lehrb. d. anat. Topographie. Wiesbaden 1913. — [38]) Arch. f. Kinderheilk. **35**, H. 1/2, S. 112—158 u. H. 2/3. 1902. — [39]) Jahrb. d. ges. Med. 1913, II, S. 658. — [40]) Zentralbl. f. allg. Pathol. u. pathol. Anat. **5**, 714; **6**, 89; **7**, 298; **11**, 575; **16**, 71; **20**, 673 u. 729; **21**, 489; **24**, 446; **26**, 72; **31**, 123 u. 502; **10**, 595; **7**, 297; **9**, 204; **11**, 580; **20**, 447 u. 511; **21**, 129; **23**, 310; **25**, 702; **28**, 21; **31**, 405; **4**, 556; **32**, 272; **33**, 192. — [41]) Zentralbl. f. Chirurg. 1916, S. 112. — [42]) Dtsch. Zeitschr. f. Chirurg. **74**. 1904. — [43]) Verhandl. d. dtsch. pathol. Ges. **13**, VI. Sitz. LXVII. — [44]) Virchows Arch. f. pathol. Anat. u. Physiol. **22, 24, 65, 98, 152, 156, 209, 211, 217**. — [45]) Zieglers Beiträge z. allg. Pathol. u. pathol. Anat. **16**, 157, 187; **21**, 632; **24**, 187. — [46]) Frankfurt. Zeitschr. f. Pathol. **3**, 393; **6**, H. 3/4, S. 370—376; **10**, H. 3, S. 375; **23**. — [47]) Ergebn. d. allg. Pathol. u. pathol. Anat. d. Menschen u. d. Tiere (*Lubarsch-Ostertag*) **17—19**, 1. Abt. — [48]) Med. Klinik 1914, S. 909; 1916, S. 112 u. S. 525. — [49]) Berl. klin. Wochenschr. 1901, S. 1248 u. 1889; 1905, S. 159; 1908, S. 248; 1909, Nr. 17; 1911, S. 2275; 1912, S. 2284 (Virchows Arch. f. pathol. Anat. u. Physiol. **209**, H. 3); 1914, S. 92; 1916; 1919, S. 1198. — [50]) Zentralbl. f. d. ges. Gynäkol. u. Geburtsh. 1913, I, S. 441 (Med. record **83**, 1170), S. 629 (Osp. magg., Milano **1**, Nr. 3/4), S. 236—238, S. 159. — [51]) Münch. med. Wochenschr. 1883; 1906, I, S. 1091; 1908, I. S. 364, 366, 422; 1909, S. 1009 u. 831; 1911, S. 603 u. 1974; 1912, S. 387, 555 u. 1120; 1913, S. 2790; 1916, S. 122; 1919, S. 55; 1920, S. 464; 1922, S. 513. — [52]) Dtsch. med. Wochenschr. 1907, S. 34 u. 275; 1909, S. 1335; 1910, S. 906; 1911, S. 227, 527, 850, 1051, 1754; 1913, S. 82; 1916, S. 286 u. 499; 1917, S. 286; 1919, S. 335. — [53]) Wien. klin. Wochenschr. 1907, S. 135; 1908, S. 208; 1910, S. 1868. — [54]) Arch. f. Entwicklungsmech. der Organismen. **32** u. **48**. — [55]) *Stoeckel*-Lehrbuch der Geburtshilfe. Jena 1920. — [56]) Deutsche militärärztliche Zeitschr. **37**.

Lebenslauf.

Ich, *Artur Georg Kegel*, bin am 6. August 1899 in Oberneukirch i. Sa. geboren. Nach anfänglichem Besuche der 1. Bürgerschule zu Kamenz i. Sa. und der Volksschule zu Hochkirch i. Sa. trat ich Ostern 1912 in die Realschule zu Kamenz und $1^{1}/_{2}$ Jahr später in die Oberrealschule zu Bautzen i. Sa. ein. Von Juni 1917 bis Januar 1919 war ich als Einjährig-Freiwilliger zum Heeresdienst einberufen. Ostern 1920 begann ich nach in Chemnitz an der Oberrealschule bestandener Reifeprüfung mein medizinisches Studium an der Universität zu Leipzig. Im Sommer 1922 bestand ich daselbst die ärztliche Vorprüfung und trete im Frühjahr 1925 in das medizinische Staatsexamen ein.

Meine akademischen Lehrer waren die Herren Professoren: *Aßmann, Bessau, Boström, Buder, Bumke, Dittler, Dorner, Führer, Frank, Garten, Goldschmidt, Hantzsch, Hohlbaum, Held, Härtel, Herzog, Hintze Hueck, Kästner, Kleinschmidt, Knick, Kockel, Kruse, Lange, Lichtenstein, Linzenmeier, Meisenheimer, Payr, Quensel, Rille, Rolly, Römer, Ruhland, Strümpell, Sonntag, Schäfer, Stieve, Spalteholz, Skutsch, Stöckel, Schweitzer, Sudhoff, Thomas, Wiener* und die Herren Privatdozenten *Rosenbaum, Weichsel*.

Zum Schluß ist es mir ein aufrichtiges Bedürfnis, dem Leiter des Pathologischen Instituts vom Krankenhaus St. Georg zu Leipzig-Eutritzsch, Herrn Dr. *Reinhardt*, für die liebenswürdige Unterstützung bei der Anfertigung meiner Arbeit sowie Herrn Prof. Dr. *Hueck* für die gütige Referatübernahme meinen ergebensten Dank auszusprechen.

If you have any concerns about our products,
you can contact us on
ProductSafety@springernature.com

In case Publisher is established outside the EU,
the EU authorized representative is:
**Springer Nature Customer Service Center GmbH
Europaplatz 3, 69115 Heidelberg, Germany**

Printed by Libri Plureos GmbH
in Hamburg, Germany